# ÉCOLE

## THÉORIQUE ET PRATIQUE

### DU

# JARDINIER-POTAGER

IMPRIMERIE DE PLASSAN,
RUE DE VAUGIRARD, N° 15.

# ÉCOLE

## THÉORIQUE ET PRATIQUE

### DU

# JARDINIER-POTAGER;

## PAR M. L. CLERE FILS, D. M.

*Nihil est agriculturâ melius, nihil uberius,*
*nihil homine libero dignius.*
(Offices de Cicéron, liv. III.)

Il n'y a rien de meilleur, rien de plus
abondant et rien de plus digne d'un
homme libre que l'agriculture.

## PARIS,

BAUDOUIN FRÈRES, ÉDITEURS,
RUE DE VAUGIRARD, N° 17.

1827.

# DISCOURS PRÉLIMINAIRE.

## HISTOIRE ABRÉGÉE

### ET PROGRÈS DE L'AGRICULTURE CHEZ DIFFÉRENS PEUPLES, ET EN FRANCE.

L'agriculture est le plus ancien et le plus utile de tous les arts : elle était, suivant les livres sacrés, l'unique emploi des patriarches, de ces hommes que Moïse nous représente sous les traits de la candeur et d'une simplicité opulente. Les habitans de la Mésopotamie et de la Palestine s'appliquèrent à la culture des terres dans les temps les plus reculés. Osias, roi de Juda, avait un grand nombre de laboureurs et de vignerons sur les montagnes du Carmel. Il protégeait d'une manière particulière ceux qui étaient employés à cultiver la terre et à nourrir les troupeaux; il se livrait lui-même à ce genre d'occupation.

Les Assyriens, les Mèdes, les Perses s'adonnèrent aussi à l'agriculture; elle était, selon Bérose, si ancienne chez les Babyloniens, qu'elle remontait au premier siècle de leur his-

*a*

toire. Dans ces temps où les arts commençaient
à prendre naissance, les progrès de l'agriculture furent lents et difficiles : la tradition était
le seul moyen dont on pût faire usage pour
transmettre les observations et les découvertes.

Les Égyptiens, qui prétendaient, comme
beaucoup d'autres peuples, avoir une origine céleste, et qui voulaient tout tenir des dieux,
donnaient à Isis la gloire d'avoir trouvé le blé ;
et ils attribuaient à Osiris l'invention de la
charrue et de la culture de la vigne. Si l'on
refuse aux Égyptiens l'invention de l'agriculture, il faut au moins leur accorder la gloire
de l'avoir perfectionnée et rétablie parmi les
peuples où la barbarie l'avait fait oublier. Ce
que les Égyptiens ont fait pour rendre leur
pays fertile, pour y faire fleurir le commerce
et l'agriculture, est aussi étonnant que les
monumens qu'ils ont laissés et qui font l'admi-
ration de tous les voyageurs.

Les Grecs, imitant les Égyptiens, qui firent
des dieux de tout ce qui les étonnait, créèrent
Cérès, déesse des moissons. Cette reine de Sicile, selon eux, vint, sous le règne d'Erectée, à
Athènes, où elle montra l'usage du blé auparavant inconnu ; elle y enseigna la manière
de faire le pain et d'ensemencer les terres.
Mais quelle foi doit-on ajouter à cette tradition des Grecs? Plusieurs auteurs regardent
comme fabuleux tout ce qu'on raconte de
Cérès, et donnent à ce mot un sens allégo-

rique; ils prétendent que par l'arrivée de Cérès à Athènes, il ne faut entendre qu'une prodigieuse quantité de blé qu'Erectée fit apporter d'Égypte. Pline, Virgile et d'autres assurent que l'invention de la charrue n'est point due à Cérès, mais à un certain Burigé ou Triptolème, fils de Céléus, roi d'Eleusis, qui est représenté par les poètes assis sur un char traîné par des dragons ailés. parce que, dans un temps de disette, il fit distribuer du blé dans toute la Grèce avec une diligence incroyable.

Enfin Polydore-Virgile fait remonter l'origine de l'agriculture à une époque plus ancienne que l'existence de Cérès. D'après le témoignage de cet historien, les Grecs, sur ce point comme sur bien d'autres, se sont dits inventeurs de ce que les Égyptiens leur avaient appris. Il suffit de se reporter aux premiers temps de leur histoire pour être convaincu que l'agriculture n'était pas même connue en Grèce lorsqu'elle avait déjà fait des progrès très-considérables chez les Phéniciens, les Madianites et les Égyptiens.

De l'aveu de leurs propres écrivains, dans cet état primitif, les anciens Grecs erraient dans les forêts comme les animaux; ils ne se nourrissaient que de végétaux, et couchaient en plein air dans des cavernes, dans les fentes des rochers, ou dans les creux des arbres. Le premier changement qu'ils firent dans leurs

manières de vivre, fut de manger des glands,
de se bâtir des cabanes, de se couvrir de
peaux de bêtes sauvages. Pélasgus fut, à ce
qu'il paraît, l'auteur de cette réforme. Ils sen-
tirent bientôt la nécessité où ils étaient de s'as-
socier pour subvenir à leurs besoins récipro-
ques : ils se réunirent, et peu à peu ils acquirent
de la consistance, et goûtèrent les avantages de
cette association ; ils s'humanisèrent insensiblement et quittèrent ce caractère féroce qu'ils
avaient contracté en vivant dans les forêts. Du
moment qu'ils commencèrent à voyager en
Égypte, ils y prirent quelques connaissances
des sciences et des arts, et particulièrement
de l'agriculture. De retour dans leur pays,
ils firent usage de la charrue, et commencèrent
à tracer des sillons. Cette nouvelle manière de
cultiver la terre leur parut de beaucoup préférable à ce qu'ils employaient auparavant; elle
augmentait leurs revenus en diminuant les
travaux et les dépenses.

Le goût de la nation pour l'agriculture s'ac-
crut donc, soit par les avantages qu'elle pro-
curait, soit par l'amélioration dont on la
voyait encore susceptible. Toutes les vues poli-
tiques se tournèrent alors vers cette branche
de l'économie publique ; et les philosophes
grecs, renommés par la sagesse de leur légis-
lation, firent des règlemens sur cet objet si
essentiel à la prospérité d'un empire. Athènes
et Lacédémone devinrent en peu de temps

deux villes florissantes, et c'est à l'usage de l'agriculture qu'elles durent leur élévation.

Dans ces jours heureux où les Grecs ne pensaient qu'à cultiver les champs et à faire fleurir l'agriculture, ils devinrent puissans et redoutables ; on n'osa plus les attaquer ; mais cette gloire ne fut que passagère ; ce peuple ingénieux et porté à tout ce qui est du ressort de l'imagination, négligea bientôt des occupations importantes pour s'attacher aux subtilités de l'esprit. Les arts d'agrément remplacèrent l'agriculture, au point que les magistrats étaient chargés de leur faire venir du blé des pays étrangers. Les Spartiates laissèrent aux ilotes, qu'ils traitaient comme des esclaves, le soin de les nourrir. Cette décadence entraîna la ruine de la Grèce : affaiblie par la mollesse et par la volupté, un roi de Macédoine en subjugua une partie, son fils en acheva la conquête.

Les Romains ont singulièrement honoré l'agriculture. Le premier soin de leur fondateur fut d'introduire douze prêtres pour offrir aux dieux les prémices de la terre, et pour demander des récoltes abondantes. On les nomma arvales, de *arva*, champ. Un d'eux étant mort, Romulus prit sa place, et dans la suite cette dignité ne fut accordée qu'à ceux qui pouvaient prouver une naissance illustre. Numa Pompilius, l'un des plus sages rois de l'antiquité, avait partagé le terrain de Rome

*a.*

en différens cantons. On lui rendait un compte exact de la manière dont ils étaient cultivés : il faisait venir les laboureurs pour louer et encourager ceux dont les champs étaient bien tenus, et pour faire des reproches aux autres.

Ancus Martius, quatrième roi des Romains, qui se piquait de marcher sur les traces de Numa, ne recommandait rien tant aux peuples, après le respect pour la religion, que la culture des terres et le soin des troupeaux. Cet esprit se conserva long-temps chez les Romains : dans les temps postérieurs, celui qui s'acquittait mal de ces devoirs, s'attirait l'animadversion du censeur.

Les tribus rustiques formaient dans Rome le premier ordre des citoyens. Dans les beaux siècles de la république, quand le sénat s'assemblait, les pères conscrits venaient des champs pour dicter des délibérations pleines de sagesse. Les consuls soupiraient après le terme de leur consulat, pour aller présider eux-mêmes à la culture de leurs héritages. L. Quintus Cincinnatus et Attilius étaient occupés, l'un à labourer et l'autre à semer son champ, quand on les alla chercher pour les nommer chefs de la république : le dernier venait d'être nommé consul ; le premier, créé dictateur dans une conjoncture très-pressante, quitta ses instrumens rustiques, se rendit à Rome où il entra au milieu des acclamations du peuple, se mit à la tête de l'armée, vainquit les ennemis, et retourna seize jours après à sa maison de campagne, reprendre ses fonctions ordinaires. Les ambassadeurs des Samnites étant venus offrir une grosse somme d'or à Curius Dentatus, le trouvèrent assis auprès de son feu, où il faisait cuire des légumes ; ils reçurent de lui cette sage réponse : « Que l'or n'était pas nécessaire à celui qui savait se contenter d'un tel dîner, et que pour lui, il trouvait plus beau de vaincre ceux qui avaient cet or que de le posséder. » Et cet illustre Romain avait déjà reçu trois fois les honneurs du triomphe !

Si Rome n'a jamais été florissante comme elle le fut dans ce temps, les campagnes ne furent aussi jamais mieux cultivées, en sorte qu'on est porté à croire que c'est à la culture des terres que la république fut redevable de ses grandeurs et de son élévation. L'exercice de cette vie laborieuse, dit Pline, forma les hommes qui se sont si bien distingués dans l'art militaire. Il sortit de cette école de braves capitaines et de bons soldats, pleins de droiture et de sentiment ; mais la gloire des Romains ne dura pas au-delà des principes qui l'avaient produite. Le luxe donna d'abord une atteinte très-forte à l'agriculture, et entraîna bientôt la ruine entière de la république. Les Romains, avides de plaisirs et d'honneurs, abandonnèrent leurs terres, se retirèrent à la ville, et laissèrent à des esclaves le soin de la culture.

Columelle déplore d'une manière fort vive
et très-éloquente le mépris général où de son
temps l'agriculture était tombée; mais ces
plaintes, quelque touchantes qu'elles fussent, ne
produisirent aucun effet : l'amour du travail,
et ce louable penchant pour le labourage qui
avait formé un des titres les plus glorieux
qu'on pût donner à un citoyen romain, s'étei-
gnirent peu à peu dans le cœur du peuple.
Les campagnes négligées ne fournirent plus le
blé nécessaire pour l'entretien de Rome : on
fut obligé d'en tirer d'Égypte. Dans ce désordre
funeste, tout concourut même à renverser l'a-
griculture, le fondement le plus solide de la république. Il n'y avait plus de ces hommes distingués, de ces savans profonds, qui jusqu'alors
avaient soutenu par leurs écrits la pratique du
labourage, tels que Palladius, Rutilus, Tau-
rus; Amilianus qui vivait environ cent ans
après Columelle, est le dernier des Romains
qui ait écrit sur l'agriculture.

Je passe ici sous silence les autres peuples
anciens qui ont eu quelques connaissances sur
cet art : on est trop peu instruit de cette
partie de leur histoire pour que je puisse en
donner un précis. Je vais suivre ses progrès en
France.

Ce n'est guère que vers le quinzième siècle
que l'agriculture, en France, commença à prendre un certain essor. Il paraît même qu'elle
était déjà florissante au commencement du

dix-septième siècle, si l'on en juge par les ex-
cellens préceptes et les bonnes pratiques con-
tenus dans l'ouvrage d'Olivier de Serre, qu'il
a dédié au roi Henri IV en 1600. Effective-
ment, on lit dans l'histoire qu'en 1621 les Anglais
se plaignaient que nous leur fournissions le blé
en si grande quantité et à si bas prix dans leurs
propres marchés, que les produits de leur culture ne pouvaient pas soutenir la concurrence.
Ce bas prix était cependant le tiers de la valeur
du marc d'argent pour un setier pesant deux
cent quarante livres, ancien poids de marc.

Cet état de prospérité de notre agriculture
était dû à des ordonnances de François Ier, de
Charles IX, de Henri III, de Henri IV, qui
furent mises en vigueur aussitôt que les guerres
civiles furent apaisées : à la haute opinion
que le meilleur de nos rois et son digne ministre Sully, avaient conçue de l'agriculture,
qu'ils regardaient comme les mamelles de l'État,
et surtout à la liberté du commerce des grains
qui était consacrée par ordonnance du 21 janvier 1599, et qui les maintenait à un prix toujours avantageux au cultivateur.

L'agriculture conserva ces avantages jusqu'à
la minorité de Louis XIV, qui conserva le système prohibitif de l'exportation des grains, et
même de leur circulation de province à province. Les conséquences de ce système toujours funeste à l'agriculture, ne furent pas
aperçues par le célèbre Colbert : le génie de ce

grand ministre le portait à l'établissement du commerce et des manufactures, dont la création semblait lui promettre une gloire plus brillante que celle d'être proclamé le nouveau restaurateur de l'agriculture ; et si, sous Louis XIV, l'agriculture a obtenu quelques édits favorables ; si les défrichemens et les dessèchemens ont été encouragés ; si enfin un regard de la faveur royale est tombé sur quelques cultivateurs, toutes les grâces, tous les encouragemens, pour ainsi dire, étaient réservés pour le commerce, les manufactures et les arts.

D'ailleurs, les guerres que Louis XIV eut à soutenir enlevaient beaucoup de bras à la culture. Souvent brillantes, quelquefois malheureuses, elles venaient développer le caractère martial des Français jusque dans la chaumière du simple cultivateur ; la gloire des armes l'emportait sur le goût et l'habitude de ses paisibles travaux ; l'agriculture fut délaissée, et les disettes devinrent plus fréquentes.

C'est à la suite de ces malheureuses circonstances que Louis XIV voulut relever la profession du cultivateur, en anoblissant un généreux laboureur nommé Navarres, qui avait secouru Paris avec le plus grand désintéressement pendant la famine de 1696.

On permit cependant l'exportation des blés en 1701, 1702 et 1703 ; mais l'abondance était à peu près générale ; d'ailleurs l'opinion du

parlement était prononcée contre la liberté
du commerce des grains, et les obstacles
qu'il lui opposa détruisirent les bons effets
qu'elle devait produire sur l'agriculture. Elle
fut accélérée sous la régence licencieuse de la
minorité de Louis XV ; et le système de Law,
que nous ne pouvons comparer qu'à la fa-
brique des assignats pendant notre anarchie
révolutionnaire, introduisit en France un
esprit d'agiotage jusqu'alors inconnu, altéra
les mœurs de ses habitans, déplaça les for-
tunes, et porta un coup funeste à toutes les
branches de la prospérité publique et particulière.

L'agriculture parut respirer un peu sous le
long et pacifique ministère du cardinal de
Fleury ; mais ce ministre, encore ébloui de l'é-
clat des succès que le commerce, les manufactures et les arts avaient obtenus sous le ministère de Colbert, imita son indifférence pour
l'agriculture, et le système prohibitif de l'exportation et de la circulation des grains fut main-
tenu. Le surplus des denrées d'une province
ne pouvait pas même être transporté dans la
province voisine qui était dans le besoin, en
sorte que quelquefois les uns regorgeaient de
subsistances, tandis que les autres étaient livrés
aux horreurs de la faim.

Ce n'est qu'en 1754 que la liberté du commerce des grains dans l'intérieur de la France,
fut proclamée par un édit solennel, et qu'en

permettant leur exportation, on en a limité la faculté dans les bornes convenables ; et c'est de cette époque à jamais mémorable, que datent les nouveaux progrès de notre agriculture.

Ce bienfait est dû en grande partie au zèle et aux écrits courageux de citoyens désintéressés qui ont osé combattre et détruire les anciens préjugés qui s'élèvent encore contre la liberté du commerce des grains, et au bon esprit des magistrats qui composaient alors le conseil de Louis XV.

Les écrits de ces citoyens ont été goûtés par les Français et par les étrangers, et leurs auteurs ont eu beaucoup d'imitateurs. Malheureusement ces derniers se sont laissé égarer par des systèmes sur la culture et l'impôt, et, avec d'aussi bonnes intentions que les premiers, ils ont été ridiculisés sous le nom d'économistes. Mais leurs ouvrages avaient inspiré le goût de l'agriculture aux riches propriétaires, et même aux autres classes de la société, et cet art avait acquis une grande importance dans l'opinion publique.

Les ministres de Louis XV profitèrent de cette impulsion, et la firent tourner à l'avantage de l'agriculture ; et malgré la pénurie dans laquelle se trouvait le trésor royal, on institua des sociétés d'agriculture ; les intendans eurent ordre de favoriser leurs travaux, de répandre leurs instructions dans toutes les classes de cultivateurs, de les exciter à les suivre par des encouragemens et des prix , et principalement de protéger la libre circulation des grains.

D'un autre côté , Louis XIV avait adopté et fait exécuter en faveur du commerce un système de navigation et de communication dont l'agriculture profitait aussi pour le transport de ses produits : ce système ne fut point abandonné sous Louis XV et sous Louis XVI, et de nouvelles routes furent ajoutées à celles qui existaient déjà. Toutes les institutions qui tenaient encore à la servitude des biens ou des personnes furent abolies ; des écoles vétérinaires , situées à Lyon et à Alfort , éclaircirent la sience de l'hippiatrique, formèrent des élèves dans tous les points de la France, et perfectionnèrent le gouvernement des bestiaux; des haras furent établis pour améliorer les races de nos chevaux; les corvées furent supprimées et remplacées par une prestation en argent; enfin un grand nombre d'arbres et de plantes exotiques furent naturalisés.

Depuis le règne de Louis XVI jusqu'à ce jour , l'agriculture n'a cessé de faire de nouveaux progrès ; mais comme ces progrès sont connus de tout le monde , je les passe sous silence pour faire connaître le plan de mon travail. Je lui ai donné la forme d'un dictionnaire; par conséquent les plantes y sont placées dans l'ordre le plus commode pour leur recherche. Voici la marche que j'ai suivie pour la composition des articles. J'indique d'abord la classe

# DISCOURS PRÉLIMINAIRE.

et l'ordre auxquels le genre de plantes se rapporte d'après le système de Linné, et la méthode de Jussieu. Je donne une description exacte des caractères de chaque espèce, ainsi que de ses variétés s'il y a lieu : je fais connaître le pays d'où elles proviennent, l'époque de leur floraison et de la maturité de leurs fruits, leurs principaux usages économiques et leurs propriétés médicales ; et je termine par des détails sur leur culture, le terrain et l'exposition qui leur sont le plus convenables ; le temps où il faut préparer la terre, semer les graines, les récolter, etc., etc.

Si le public daigne recevoir cet ouvrage avec bienveillance, je publierai incessamment l'École du Jardinier-Fleuriste, celle du Jardinier-Fruitier, et enfin celle du Laboureur.

# OUTILS NÉCESSAIRES

AUX TRAVAUX DU JARDINIER - POTAGER.

---

*Bêche.* Instrument de fer carré et tranchant, dont on se sert pour remuer la terre. La bêche se termine en un fer plat battu, haut d'environ neuf pouces, et large de sept à huit. Ce fer a par en haut une douille pour y adapter un manche de bois droit et robuste. Le jardinier enfonce la bêche dans la terre en pesant fortement avec le pied sur les angles saillans du fer. Il se sert du plat pour retourner et rejeter la terre qu'il a soulevée, et qu'il façonne ensuite en la remuant avec le taillant.

*Houe.* Instrument plus expéditif que la bêche pour remuer les terres légères. La lame, ou

carrée, ou arrondie, ou triangulaire, ou four-
chue, fait un angle de soixante-dix à quatre-
vingts degrés avec la douille destinée à un
manche court. On se sert encore de la houe
pour semer les pois, les haricots, les pommes-
de-terre, et pour les rechausser.

*Binette.* C'est une houe très-étroite, dont la
lame est large à une extrémité, et dont le côté
opposé à celui de la lame a souvent deux dents
aussi longues que cette lame, pour serfouir la
terre autour des petites plantes trop rapprochées pour y faire passer la houe.

*Pioche.* Instrument composé d'une lame de
fer épaisse, large de trois à quatre pouces, longue
d'un pied, bien acérée et tranchante par une extrémité, et terminée à l'autre par une douille où
on met à angle droit un manche en bois de deux
pieds et demi. Ce manche doit être un peu plus
gros dans la partie qui est dans la douille; toujours un peu plus large en dehors qu'en dedans, afin que l'instrument ne se démanche
pas. On fait aussi des pioches à deux dents.

*Pic.* Cet outil diffère de la pioche en ce qu'il
est rond, plus épais et pointu, plus long de

trois ou quatre pouces. On l'emploie dans les lieux pierreux, ou lorsque la terre très-argileuse fait beaucoup de résistance.

*Cordeau.* Ficelle de dix à seize toisès, de bonne qualité, et attachée par ses deux extrémités à deux piquets en bois d'environ un pied. Le cordeau sert pour les alignemens.

*Claie.* C'est un cadre en bois de cinq pieds de hauteur sur trois à quatre pieds de large, avec une traverse en croix au milieu. On la garnit de tringles en bois ou en fer à six, huit ou dix lignes de distance. On jette avec une pelle la terre contre la claie ; la terre la plus fine passe à travers. Les mottes et les pierres tombent au pied de la claie : on brise les mottes et on repasse la terre une seconde fois.

*Pelle.* Instrument de bois fait ordinairement d'une seule pièce, et dont le manche a environ trois pieds. Dans quelques cantons, toute la palette est de fer. La pelle est utile au jardinier pour remuer les terres préparées, et pour charger celles qu'il veut transporter, etc.

*Rateau.* Instrument armé de dents de fer ou de bois, qui sortent d'un ou des deux côtés, et emmanché d'un bâton de cinq à six pieds, pour attirer à soi les immondices des jardins et les amasser, afin de les enlever. Il sert aussi à nettoyer les allées et à unir le terrain.

# ÉCOLE

## DU

## JARDINIER-POTAGER.

———❈———

### AIL.

AIL, s. m., *allium*, Linn. Genre de plante de la famille des asphodèles, Juss., et de l'hexandrie monogynie, Linn., dont les principaux caractères sont les suivans : Corolle de six pétales allongés ; six étamines à filamens élargis ayant trois pointes à leur sommet ; un ovaire court, un peu triangulaire, marqué d'un léger sillon sur chaque angle, et surmonté d'un style simple ; une capsule courte, trigone, partagée intérieurement en trois loges et contenant plusieurs semences arrondies.

Les aulx sont des plantes herbacées, à racines bulbeuses, bisannuelles ou vivaces, à feuilles allongées engrainantes par leur base, et à fleurs disposées en ombelles simples au sommet de la tige. On en connaît aujourd'hui quatre-vingts

1.

espèces, dont les plus remarquables sont les suivantes :

AIL POIREAU, *allium porrum*, Linn. Sa racine est composée de tuniques blanches, lisses, tendres, un peu charnues, qui se recouvrent les unes les autres; elles forment par leur réunion une espèce de cylindre; en s'allongeant elles deviennent des feuilles vertes, planes, repliées en gouttière, et terminées en pointe. Du milieu de ces feuilles s'élève une tige haute d'environ deux pieds, droite, ferme, pleine de suc, ayant à son sommet des fleurs blanches ou rougeâtres, disposées en tête ou en ombelle. Dans chaque fleur trois des étamines ont leurs filamens élargis et trifides. Son fruit est une petite capsule large, à trois lobes, à trois loges, à trois valves, renfermant plusieurs semences presque rondes. Cette plante croît naturellement en Suisse.

*Usages et propriétés.* — La racine du poireau, c'est-à-dire son bulbe avec toute la partie blanche des feuilles, entre dans les potages, et comme assaisonnement dans plusieurs mets. Étant crue, elle a une odeur forte, et une saveur âcre que l'ébullition lui fait perdre en grande partie. Cette racine passe pour incisive, diurétique et béchique : extérieurement elle est très-adoucissante. Sa décoction offre un médicament assez actif, qui a réussi quelquefois dans les maladies cutanées chroniques, comme les dartres, la teigne, etc.

*Culture.* — Une terre substantielle, ni trop forte, ni trop légère, est celle qui convient le mieux au poireau. On le sème ordinairement en février ou mars dans une planche bien ameublie par plusieurs labours. Lorsque le jeune plant a acquis la grosseur d'un bon tuyau de plume, on le déplante avec précaution pour le transplanter sur-le-champ dans des planches bien labourées, où l'on a fait des trous profonds de six pouces et éloignés de quatre au moins. On donne ensuite un grand arrosement qui approche la terre du plant et comble les trous.

Les poireaux peuvent ainsi rester en terre jusqu'au moment des gelées; mais à cette époque on doit les arracher, et en faire des bottes, qu'on mettra dans des petites tranchées et qu'on recouvrira de litière : dans cet état ils peuvent se conserver jusqu'au mois de mai. Dans le midi de la France cette précaution est presque inutile.

Au printemps on doit replanter quelques-uns des pieds conservés en hiver pour avoir de la graine; et lorsqu'elle est parvenue à sa parfaite maturité, on doit couper les tiges au pied, et on les secoue légèrement sur une nappe afin de l'obtenir. La première qui tombe est la meilleure, et on ne doit pas la mêler avec les autres. Après cette première opération, on doit exposer les capsules à l'ardeur du soleil; ensuite on les secoue de nouveau, et on en recueille une graine de seconde qualité. La première est très-bonne à semer pendant deux ans, et même pendant trois, si elle reste dans les capsules, et si on a soin de suspendre celles-ci dans un lieu sec.

Ail cultivé, *allium sativum*, Linn. Sa racine est
un bulbe presque ovoïde, ayant des côtes obtuses, et composé de quelques tuniques minces,
blanches ou rougeâtres, sous lesquelles on trouve
plusieurs bulbes particuliers joints ensemble,
oblongs ou pointus. Ces bulbes, nommés par
les Grecs αγλιδες, sont communément appelés
gousses d'ail. Ils sont portés sur une sorte de pla-
teau charnu, qui jette de nombreux filamens, des
espèces de chevelus, lesquels sont, à proprement parler, la seule véritable racine. Sa tige
est haute d'un pied et demi, cylindrique, lisse,
garnie dans sa partie inférieure de feuilles linéaires
et planes. Ses fleurs sont blanches, réunies en
naissant dans une spathe membraneuse, et forment au sommet de la tige une ombelle bulbifère,
arrondie en tête. Son fruit est une capsule courte,
trigone, partagée intérieurement en trois loges,
qui contiennent plusieurs semences arrondies.
L'ail croît naturellement en Sicile et dans le midi
de la France.

*Usages et propriétés.* — On cultive cette plante
dans les jardins potagers pour l'usage de la cuisine; mais l'odeur forte et le goût âcre de sa racine, qui est la partie dont on se sert en général,
déplaît à beaucoup de monde. Le peuple, qui
mange des alimens grossiers, en fait usage presque
partout, et on remarque principalement que les
Espagnols et les Gascons en sont très-friands. Il y
a des personnes qui en font avaler aux volailles
quelque temps avant de les tuer, et qui prétendent

que, sans avoir de mauvais goût, elles sont beaucoup plus tendres.

En médecine, on regarde l'ail comme maturatif, antihistérique, diurétique et vermifuge. Il excite la transpiration ; il est recommandé dans l'hydropisie de poitrine, dans l'ascite occasionée par les boissons alcoholiques, dans l'asthme pituiteux, la toux catarrhale, la diarrhée par faiblesse d'estomac, dans les coliques occasionées par les vers, et les coliques venteuses.

*Culture.* — Toutes les terres en général conviennent à l'ail, il végète dans tous les sols ; mais son volume et la différence de saveur indiquent qu'il est des terrains qui lui conviennent mieux que d'autres. Plus le terrain est léger, plus la plante réussit.

Dans les provinces méridionales de la France, on plante l'ail à la fin de novembre ou au commencement de décembre ; dans les provinces du nord on attend le mois de mars. Chacun, suivant la température du pays qu'il habite, peut se rapprocher plus ou moins de l'une ou de l'autre de ces deux époques.

Plus la terre sera meuble, et mieux le bulbe profitera. Il faut donc labourer profondément, au moins huit ou dix pouces, et diviser la terre le plus possible. On en fait des planches, ou bien on le plante en bordures autour des planches d'oignons. Chaque tubercule doit être planté à deux pouces de profondeur, et à six pouces de distance. Moins espacé, la plante ne profite pas. On doit avoir attention de mettre le germe en haut. L'ail, comme la plupart des plantes bulbeuses, craint le trop d'eau ; une fois planté, il n'exige plus aucune culture, sinon d'arracher les mauvaises herbes et de piocheter de temps à autre le terrain pour mieux les détruire et disposer la terre, par une plus grande division, à recevoir les bénignes influences de l'atmosphère.

Palladius a écrit, et quelques auteurs ont répété, que l'ail planté ou arraché dans le temps où la lune n'était pas sur notre horizon, perdait son odeur fétide ; c'est une erreur qu'il faut ranger parmi tant d'autres qui ont donné lieu en agriculture à des pratiques puériles.

Le temps de récolter les aulx est déterminé par le fanage ; lorsqu'il est bien desséché, il est temps d'arracher l'ail de terre. Ceux qui croient devoir avancer cette époque en liant, tordant ou foulant au pied les tiges, nuisent par cette pratique à la nutrition du bulbe, qui profite d'autant moins qu'on a interrompu plus tôt le cours des fonctions que la nature a assignées aux feuilles des végétaux.

Les aulx, arrachés de terre, doivent être exposés, pendant douze ou quinze jours à l'ardeur du soleil, à l'abri de toute humidité. Lorsqu'ils sont bien desséchés, on les lie par bottes ou on en tresse les feuilles les unes dans les autres, de manière que les têtes soient toutes du même côté. Il faut avoir soin, pour les conserver, de les suspendre dans un lieu très-sec.

AIL-OIGNON, *allium cepa*, Linn. Sa racine est un bulbe arrondi, ventru, et composé de tuniques qui s'enveloppent les unes les autres; les tuniques intérieures de ce bulbe sont charnues, et pleines d'un suc volatil, âcre, qui excite à pleurer lorsqu'on les coupe; et les extérieures sont sèches et très-minces. La tige de cette plante est haute de deux à trois pieds, nue, cylindrique, fistuleuse, et ventrue ou renflée dans sa partie inférieure. Ses feuilles sont cylindriques, fistuleuses, pointues, et moins longues que la tige. Ses fleurs, très-nombreuses, d'un vert blanchâtre ou rougeâtre, forment au sommet de sa tige une tête arrondie ou un peu ovale. L'oignon croît naturellement dans le Levant. Il a produit par la culture un très-grand nombre de variétés, dont les plus remarquables sont :

L'oignon rouge.

L'oignon blanc.

L'oignon jaune.

L'oignon pâle.

L'oignon blanc de Florence.

L'oignon blanc d'Espagne.

*Usages et propriétés.* — L'emploi de l'oignon dans les alimens paraît remonter aux temps les plus anciens; il faisait une partie essentielle de la nourriture du soldat romain. Socrate, dans Xénophon, lui attribue la propriété d'augmenter les forces et le courage du guerrier.

L'oignon d'Égypte était vanté dans l'antiquité. Les esclaves qui construisaient les pyramides en consommaient une quantité prodigieuse. Toujours ingrats, quoique toujours protégés, les Hébreux le regrettaient dans le désert en se nourrissant de la manne céleste. ( *Num.*, cap. XI, v. 5. )

Il paraît cependant que, dans certaines circonstances, dans certains cantons, sur des motifs superstitieux, l'oignon était défendu aux Égyptiens, ou du moins à leurs prêtres. Combien de fois n'a-t-on pas répété que ce peuple, dont les institutions, dont les monumens sont si réguliers, rendait à l'oignon une sorte de culte !

Porrum, et cepe uefas violare, ac frangere morsu :
O sanctas gentes, quibus hæc nascuntur in hortis
Numina !

JUVÉNAL, sat. XIV.

L'oignon, ainsi que toutes les aliacées, est diurétique et sudorifique. Il jouit de la vertu béchique, incisive; mais son usage excessif ou long-temps soutenu n'est pas sans danger. Spigelius a observé qu'il endommageait les fonctions cérébrales. Les peuples ichtyophages en font un très-grand usage; et il paraît, d'après leur expérience, que cette racine est l'assaisonnement le plus approprié au poisson. Ramazani rapporte que l'usage des oignons cuits a guéri une fièvre épidémique qui exerçait ses ravages dans beaucoup de campagnes, et qui avait été occasionée par la grande quantité de poissons que les habitans avaient mangés.

*Culture.* — L'oignon demande une terre substantielle et légère. On le sème ordinairement en janvier, février ou en mars, dans une terre bien ameublie par plusieurs labours. Lorsque les jeunes plants sont parvenus à la grosseur d'une plume à écrire, on les arrache pour les planter à demeure dans une terre convenablement travaillée, et à la distance de sept à huit pouces. Les soins qu'ils exigent après leur plantation, sont de légers sarclages faits de temps à autre.

Lorsque les oignons sont parvenus à leur degré de maturité, on les enlève de terre, et on les laisse exposés huit à dix jours à l'ardeur du soleil; et quand ils sont bien secs et émondés de leurs racines, avec de la paille entrelacée avec leur fane, on en fait des chaînes qu'on suspend dans un lieu sec. Ils se gardent ainsi tout l'hiver. Souvent quelques-uns germent au bout d'un certain temps; on replante ceux-là en novembre ou décembre. On les mange en vert pendant l'hiver et au printemps, ou bien on les laisse grainer.

La maturité de la graine se reconnaît à l'ouverture de l'enveloppe qui la renferme. On coupe alors la tige ou hampe à six ou huit pouces au-dessous de son sommet, et en secouant on fait tomber les graines sur un drap. Ce sont les meilleures; elles sont bonnes à semer pendant quatre ans.

ÀIL-ÉCHALOTTE, *allium ascalonicum*, Linn. Sa racine est composée de plusieurs petits bulbes réunis comme par paquets, oblongs, recourbés, pointus, blancs en dedans et d'un rouge clair en dehors. Ses tiges et feuilles sont très-menues, cy-lindriques, fistuleuses, en alène, hautes de huit à quinze pouces, et d'un vert foncé. Cette plante croît dans le Levant. On la cultive dans les jardins potagers, où l'on en fait ordinairement des bordures. Elle demande une terre légère, et se plante plus avantageusement avant qu'après l'hiver. On emploie son bulbe dans les cuisines pour assaisonner les alimens; il a une saveur moins forte que l'ail et l'oignon.

## ARTICHAUT.

ARTICHAUT, s. m., *cynara*, Linn. Genre de plantes de la famille des cinarocéphales, Juss., et de la syngénésie polygamie égale, Linn., dont les principaux caractères sont d'avoir un calice commun, très-grand, évasé, formé d'écailles nombreuses, imbriquées, charnues à leur base, pointues à leur sommet; une quantité considérable de fleurons tubulés, quinquéfides, réguliers, tous hermaphrodites, irritables, environnés par le calice, et placés sur un réceptacle commun, charnu, et tapissé de poils ou de soies; le fruit consiste en plusieurs graines ovales, oblongues, presque tétragones, couronnées d'une aigrette sessile et plumeuse.

Les artichauts sont des plantes herbacées, vivaces, à feuilles très-grandes, et à fleurs disposées en tête volumineuse, terminale, souvent solitaire.

On en connaît aujourd'hui huit à dix espèces, dont la suivante est la seule qui soit cultivée.

Artichaut commun, *cynara scolymus*, Linn. Sa racine est grosse, longue, ferme et fusiforme. Sa tige droite, épaisse, cannelée, cotonneuse, garnie de plusieurs rameaux, s'élève à la hauteur de deux à trois pieds. Ses feuilles sont alternes, très-grandes, armées d'épines, profondément découpées, presque ailées, à découpures dentées ou pinnatifides, d'un vert cendré en dessus, blanchâtres et un peu cotonneuses en dessous. Sa fleur est purpurine, terminale, droite, et forme une tête écailleuse fort grosse. L'artichaut est originaire de l'Afrique et de l'Europe méridionale. Il a produit par la culture plusieurs variétés, dont les plus répandues et les plus connues sont :

L'artichaut camus de Bretagne.

L'artichaut blanc.

L'artichaut vert.

L'artichaut violet.

L'artichaut rouge.

L'artichaut sucré de Gênes.

*Usages et propriétés.* — Ce sont les fleurs non épanouies de cette plante que l'on sert sur nos tables sous le nom d'artichauts, et les seules parties que l'on mange sont la substance charnue que forme la base des écailles du calice et le réceptacle charnu, appelé communément cul d'artichaut ou portefeuilles. Ce réceptacle ne sert de nourriture qu'après que l'on a enlevé le foin, c'est-à-dire les soies et les fleurons naissans qui le couvrent.

Les artichauts encore jeunes et tendres ont une saveur agréable, qui devient âpre à mesure que la maturité s'avance. L'artichaut ne peut alors être mangé à la poivrade ; mais par la cuisson il perd son âcreté, sa consistance trop solide ; et, préparé de diverses manières, il devient un aliment fort recherché. En effet, loin de mériter le reproche que lui fait Galien d'engendrer des sucs bilieux et mélancoliques, l'artichaut se digère très-facilement et nourrit assez bien. Il stimule les organes génitaux et ceux qui sécrètent l'urine; ce fluide excrémentiel acquiert même une odeur nauséabonde.

L'infusion des fleurs d'artichaut dans l'eau froide, à laquelle on ajoute un peu de sel, coagule le lait ; aussi les Arabes et les Maures s'en servent-ils pour faire leurs fromages.

Willich dit que l'artichaut est employé avec avantage dans la fabrication de la soude, et que les feuilles préparées avec le bismuth donnent à la soie une couleur d'or fine et durable.

On peut, à l'aide d'une demi-cuisson dans l'eau, conserver les artichauts, de manière à en avoir toujours au besoin une certaine provision.

*Culture.* — L'artichaut exige une terre d'un bon fonds, substantielle par sa nature, ou rendue telle par les engrais. On le multiplie de deux manières, par œilletons et par semis : la première manière est la plus ordinairement pratiquée, parce qu'elle produit plus tôt du fruit, que l'on conserve toujours la variété, et qu'elle entraîne moins d'embarras dans son exécution. Vers la fin de l'hiver, on découvre la plante jusqu'à ses racines, et on lève les œilletons au moyen d'un couteau ; les meilleurs ont un talon tendre, long de six lignes à un pouce, et couvert de mamelons prêts à produire des racines. Les vieilles racines doivent être retranchées, afin que le plant en repousse de nouvelles.

Par le semis de la graine d'artichaut on obtient de nouvelles variétés ; c'est la vieille qu'il faut employer de préférence. On peut semer sur couche et repiquer en pleine terre, et quelquefois avoir, par ce moyen, du fruit dès la première année.

Pour faire une artichaudière, il est bon que le terrain soit défoncé, de plus ameubli autant que possible par deux labours, et divisé en planches de six pieds de large, y compris le sentier. On place les œilletons en échiquier, après avoir coupé le sommet de leurs feuilles, à trois pieds de distance les uns des autres, et à la profondeur de cinq à six pouces ; on met à chaque pied une poignée de terreau ou de fumier consommé. On les mouille aussitôt, et tous les jours on continue les arrosemens jusqu'à ce qu'ils soient bien repris. Pour peu qu'il fasse du hâle il faut les préserver des trop fortes impressions de la chaleur.

Comme l'artichaut est très-sensible au froid, on ne peut le conserver dans les pays septentrionaux qu'en lui donnant des abris ou des couvertures qui l'en préservent. Quelques cultivateurs se contentent de les butter avec de la terre, d'autres de les couvrir de paille ou de fumier long. Le premier moyen est généralement préférable, parce qu'il préserve l'artichaut de l'humidité, qui le fait pourrir lorsqu'on se sert de fumier, et parce que les mulots l'attaquent moins. La paille et surtout le fumier attirent les taupes, qui trouvent dessous ces couvertures une terre douce, non gelée, et les mulots qui ne manquent pas de suivre leurs pratiques souterraines, et qui vont avec elles toujours de compagnie, détruisent en peu de temps les racines de la plante. Ils sont d'ailleurs eux-mêmes excités à s'y rendre par les épis qui sont dans le fumier ou la paille. Cependant, quand les gelées deviennent fortes et qu'on s'aperçoit que la motte de terre qui couvre l'artichaut commence à geler dans son intérieur, il est prudent de mettre un peu de paille à l'entour. Lorsqu'on butte les artichauts, il est inutile et même nuisible de couper leurs feuilles; quoiqu'elles pourissent, elles ne feront pas pour cela pourir le collet, et la plante s'en trouvera mieux. On découvre les artichauts à la fin de mars ou en avril, quand les gelées ne sont plus à craindre: on les bêche légèrement et on les nettoie. Lorsque le fruit se montre, il est essentiel d'arroser le pied, s'il y a sécheresse, car l'artichaut serait alors petit et sécherait avant de se former. Lorsqu'on a coupé les têtes qu'ont portées les tiges, on coupe aussitôt ces dernières le plus près de la terre qu'il est possible.

Un plant d'artichaut dure plus ou moins long-temps suivant la nature du terrain; en général il

ne se soutient en bon état que pendant trois ans ;
passé ce temps il faut le renouveler et le transplanter dans un terrain différent.

# ASPERGE.

ASPERGE, s. f., *asparagus*, Linn. Genre de
plantes de la famille des asparaginées, Juss., et
de l'hexandrie monogynie, Linn., dont les principaux caractères sont d'avoir une corolle un
peu campanulée, profondément divisée en six
découpures oblongues, dont les trois intérieures
sont recourbées en dehors à leur sommet; six étamines moins longues que la corolle et dont les filamens insérés sur la partie inférieure de ses
divisions, porte des anthères arrondies; un ovaire
supérieur ovale, surmonté d'un style fort court et
terminé par un stigmate trigone. Le fruit est une
baie globuleuse à trois loges dispermes, mais dont
une ou deux de ces loges avortent communément.

Les asperges sont des plantes herbacées ou li-
gneuses, la plupart remarquables par la ténuité de
leurs feuilles et dont les fleurs sont disposées à
l'origine des rameaux une à trois ensemble. On en
connaît aujourd'hui une vingtaine d'espèces dont
la suivante est la seule qui soit cultivée dans les
potagers.

ASPERGE COMMUNE, *asparagus officinalis*, Linn.
Sa racine est un paquet ou faisceau de fibres char-

nues jaunâtres ou cendrées, grosse à peu près comme une plume d'oie attachée à un collet épais capité, transversal. Sa tige est remarquable en ce qu'elle s'annonce au printemps par plusieurs jets écailleux, cylindriques, verdâtres, terminée par un bouton conoïde pointu, résultant des écailles rapprochées qui recouvrent les rudimens des rameaux. Ceux-ci se montrent bientôt en grand nombre, et la plante parvient à la hauteur de plus de trois pieds. Ses feuilles sont linéaires, sétacées, molles, vertes, longues d'environ un pouce et réunies par faisceaux de trois à trois, de quatre à quatre ou de cinq à cinq. Ses fleurs d'un vert jaunâtre partent del'aisselle des rameaux, tantôt solitaires, tantôt deux à deux, plus rarement trois, soutenues chacune par un pédoncule, muni vers son milieu d'une articulation. L'asperge croît spontanément dans presque tous les climats : le docteur Gilibert l'a rencontrée sur plusieurs terrains sablonneux et incultes de la Pologne ; d'autres voyageurs l'ont trouvée sur les bords du Wolga et jusqu'en Sibérie. Cette plante a produit par la culture plusieurs variétés dont les plus remarquables sont :

L'asperge à tige blanchâtre et à bouton gris.

L'asperge à tige mêlée de vert et à bouton violet.

L'asperge à tige et à bouton tout vert.

*Usages et propriétés.* — On mange les pousses d'asperges cuites au jus, au beurre, ou à l'huile, après qu'elles ont été jetées quelques minutes dans l'eau bouillante ; il faut les veiller de près : pour peu

qu'elles soient trop cuites, elles perdent tout leur
goût et leur agrément; hachées menu, quand
elles sont petites, on les apprête de la même manière que les petits pois; elles servent aussi de
garnitures dans la soupe et dans beaucoup de ragoûts; on les met particulièrement avec les œufs
brouillés. On peut mettre l'asperge au nombre des
alimens les plus sains, mais elle est peu nourrissante; les personnes les plus délicates et dont l'estomac n'est pas bon, peuvent s'en nourrir.

La racine d'asperge est apéritive et diurétique;
on la met au nombre des cinq racines apéritives majeures.

*Culture.* — L'asperge exige une terre légère et
bien fumée. Cette plante se multiplie de graines,
qui produisent des racines appelées griffes ou
pates. La marche ordinaire de sa culture est de la
semer en pépinière, de relever les griffes et de les
planter dans des fosses.

*Ensemencement.* — Le semis d'asperges doit
se faire au commencement du printemps dans
une terre convenablement préparée par plusieurs
labours et dans laquelle on sème sa graine à la
volée. Au bout de six semaines environ, la
graine d'asperges lève : quelque temps après on
ôte les mauvaises herbes; on continue à sarcler
pendant l'été selon le besoin, et quelquefois on
arrose. Au mois d'octobre on coupe à un pouce
de terre les montans de son semis.

*Plantation des griffes.* — Deux ans après l'ensemencement, les griffes ou racines d'asperges sont

très-propres à être enlevées. L'époque de leur
plantation est de la mi-février à la mi-mars. Pour
les-ôter de la pépinière on cerne la terre autour
de chaque pied avec une petite fourche de fer et
on enlève ainsi les griffes.

C'est la manière de végéter des asperges qui
a dicté celle de les planter. Tous les ans les
griffes s'élèvent et ont besoin d'être recouvertes ;
il a donc fallu les placer dans des fosses dont la
terre jetée à côté servît quand on en aurait besoin : on fait ces fosses de huit pouces de profondeur sur dix-huit pouces de largeur ; la terre
jetée entre deux fosses forme des ados, auxquels on
donne trois pieds et demi de largeur. On ne met
point de fumier cette première année, ni avant
de planter, ni en plantant : on place les griffes
en échiquier, à quatorze pouces les unes des autres et à six ou huit pouces de profondeur. En les
plantant, on rafraîchit les racines, et on les étend
de manière que l'œil soit dirigé en haut. Pendant l'été on a soin de sarcler pour ôter les
mauvaises herbes. L'année suivante, on découvre les asperges le plus près qu'on peut de la
terre : on met de deux à trois pouces de fumier bien
pouri ; on le recouvre de trois pouces de terre,
on prend ordinairement celle qui est sortie des
fosses. Au lieu de la terre, dans un pays humide, il
faudrait mettre du sable. L'aspergerie ainsi fumée
n'a plus besoin que d'être nettoyée des herbes qui
y poussent. Il est nécessaire de donner de la
pente aux fosses pratiquées dans un terrain qui

retient l'eau, et de faire un fossé à une extrémité pour son écoulement,

Le sol couvert de la terre qui est sortie des fosses, et dont on a besoin pour les rechaussemens annuels, ne reste pas inutile : on y plante des choux ou autres légumes.

*Coupe des asperges.* — La première et la seconde année on ne coupe point les asperges ; mais à la troisième on les coupe pendant quinze jours de la saison : s'il y avait des tiges faibles, il ne faudrait pas les couper. Cette coupe est nécessaire pour faire la tête de ses griffes, c'est-à-dire pour les forcer en quelque sorte à taller et de produire un plus grand nombre de montans ou d'asperges. La quatrième année, on ne les coupe même que jusqu'au mois de juin : les années suivantes, on les coupe jusqu'à la Saint-Jean.

Des jardiniers attentifs se servent, pour couper les asperges, d'un instrument particulier. Cet instrument qui est de fer, a huit pouces de longueur, sur six à huit lignes de largeur : le bout est courbé, pointu, intérieurement tranchant, et garni de dents comme une scie ; il est dans un manche de bois. On le plonge perpendiculairement le long de l'asperge après en avoir écarté la terre pour découvrir les autres pousses à la profondeur d'environ six pouces, on donne un tour de main pour embrasser l'asperge avec le bout du crochet ; on la coupe en tirant à soi : par ce moyen on ne froisse pas les montans qui sont près de pousser.

La culture de l'aspergerie est, pour tout le temps de sa durée, la même que celle de la seconde année. Pour la fumer, chacun se réglera sur son terrain et sur la faculté qu'il aura d'avoir des engrais. Toujours il est vrai qu'il faudra chaque année, au mois d'octobre ou de novembre, couper les montans à deux pouces de la superficie des fosses, ôter une partie de la terre, afin que les asperges aient moins d'humidité, les découvrir tout-à-fait au printemps, pour les recouvrir de fumier et de trois pouces de terre, et enfin les sarcler plusieurs fois en été.

*Ennemis des asperges.* — Pendant leur végétation, les asperges sont, comme d'autres plantes, exposées à des ennemis qui les attaquent. Un des plus terribles est le ver de hanneton appelé turc, man, etc.; il s'attache à la racine, et la rend languissante : dès qu'on s'en aperçoit, il faut arracher la plante et tuer le ver. La courtilière n'est pas moins redoutable : pour la détruire on remplit d'eau les trous où elle se trouve.

Les limaces ou limaçons, dans les années pluvieuses et dans les terrains humides, se jettent sur les jeunes asperges ; on en voit aisément la trace par le luisant de la bave qu'ils laissent : on les prend le soir à la lumière, ou le matin ; c'est le temps où ils cherchent leur nourriture.

Les années sèches donnent naissance à des chenilles, à des scarabées. On détruit les chenilles en secouant les tiges sur un linge. Il n'y a pas de moyen bien sûr pour débarrasser les asperges des pucerons. Les scarabées se distinguent facilement, il ne s'agit que de les ôter et de les écraser.

# CAROTTE.

**CAROTTE**, s. f., *daucus*, Linn. Genre de plantes de la famille des ombellifères, Juss., et de la pentandrie digynie, Linn., dont les caractères sont d'avoir des fleurs disposées en ombelles doubles, qui sont planes pendant la floraison, et qui se contractent et deviennent concaves à mesure que le fruit approche de sa maturité. L'ombelle générale est munie d'une collerette, dont les folioles sont laciniées; celles de la collerette de l'ombelle sont plus simples. Chaque fleur présente cinq pétales cordiformes, les extérieurs plus grands; cinq étamines dont les filamens portent des anthères simples; un ovaire inférieur surmonté de deux styles courts. Le fruit ovoïde se partage en deux graines aplaties d'un côté, convexes de l'autre, hérissées de nombreux poils rudes.

Les carottes sont des plantes herbacées, annuelles, à feuilles composées, à découpures plus ou moins menues, et dont les ombelles se contractent à mesure que le fruit se développe. On en connaît aujourd'hui une vingtaine d'espèces dont la suivante est la seule que l'on cultive dans les jardins potagers.

CAROTTE COMMUNE, *daucus carotta*, Linn. Sa

racine blanche, jaunâtre, dure, grêle, fusiforme, s'enfonce profondément dans le sol, jetant çà et là quelques ramuscules. Sa tige herbacée, rameuse, légèrement cannelée, chargée de poils courts, s'élève à la hauteur de deux ou trois pieds. Ses feuilles sont assez grandes, légèrement velues, molles, deux ou trois fois ailées, et à folioles partagées en découpures étroites, linéaires et pointues. Ses fleurs sont blanches, quelquefois rougeâtres. Ses semences sont hérissées de beaucoup de poils raides un peu courts, gris ou rougeâtres. On trouve cette plante dans les prés, sur les bords des champs et des chemins, en Europe. Elle a produit par la culture plusieurs variétés dont les plus répandues sont :

La carotte rouge ou couleur d'orange.

La carotte blanche.

La carotte jaune.

*Usages et propriétés.* — Je ne connais pas de légume plus agréable et plus salubre que la carotte, qui tantôt se mange seule, et tantôt parfume et assaisonne les autres alimens. Margraff en a retiré un sirop ou un miel excellent qui pourtant a refusé de se cristalliser en sucre. Séchée et réduite en poudre, la racine de carotte est utile aux voyageurs et peut entrer sous cette forme dans les potages et dans les ragoûts. On en fait un pain de qualité médiocre, suivant Mattaschk. Forster, Hunter, Hernby, en ont retiré de bonne eau-de-vie.

Aux environs de Dasseldorf, des Bold, dans le

canton de Léman et ailleurs, on rôtit la racine de carotte pour la mêler au café en diverses proportions. Ses semences sont aromatiques; elles communiquent à la bière une saveur piquante et une qualité supérieure; leur infusion théiforme est une boisson stimulante, dont les Anglais font un usage fréquent. L'huile essentielle qu'on en retire par la distillation, était regardée autrefois comme un excellent diurétique, un précieux emménagogue. Ces vertus ne paraissent point avoir été confirmées par l'expérience.

*Culture.* — La carotte, comme presque toutes les plantes à racines pivotantes, demande une terre douce et un peu légère, mais cependant sans être trop sèche. On la sème depuis la fin de février jusqu'en mai, quelquefois même jusqu'en juin. La terre destinée à la recevoir doit être bien ameublie par plusieurs labours profonds; on sème en général à la volée, et quelquefois en rayons, à dix pouces de distance, dans des planches de quatre pieds de large; et après avoir donné un coup de râteau, on met une légère couche de terreau, ou l'on paille. On mêle ordinairement la graine de carotte avec de la cendre ou du sable fin, après l'avoir frottée pour la diviser.

Lorsque la carotte lève, il faut la visiter, afin de détruire les limaces et de chasser les araignées. Les ravages de ces insectes forcent à semer plus dru afin d'avoir du plant pour regarnir les places où il en peut manquer. Quand on veut en repiquer, on choisit un temps couvert. Lorsque la carotte a deux feuilles outre les cotylédons, on lève le plant, dans les endroits où il est trop épais, avec un morceau de bois de six lignes de diamètre, aplati et très-mince à son extrémité, qu'on enfonce en terre, de manière à enlever le plant avec ses racines, sans en briser, et à laisser un intervalle de quatre à cinq pouces entre les plants qui restent. On place ceux qu'on enlève dans un panier recouvert : on repique, au plantoir, à la même distance : on a l'attention de séparer les plants sans les rompre, de descendre leurs racines verticalement, et de presser légèrement la terre avec le plantoir. On arrose ensuite, et on continue la surveillance jusqu'à ce que les carottes aient quatre ou cinq feuilles. On sarcle ; et lorsqu'elles sont grosses comme le doigt, on en arrache une entre deux, soit pour son usage, soit pour la vente. Les carottes sont alors à huit ou dix pouces : on peut leur donner un binage.

En novembre, les carottes sont parvenues à leur parfaite perfection. Dans nos départemens méridionaux, il est inutile de les arracher avant l'hiver ; de petits soins, pendant la courte durée du froid, leur suffisent. Mais dans le nord de la France, il serait imprudent de les laisser dans la terre après le commencement de décembre ; les gelées, les neiges et la grande humidité peuvent les altérer ; et d'ailleurs souvent il ne serait pas facile de les arracher. Il vaut mieux les enlever à cette époque, et, après avoir coupé la fane, les serrer dans un lieu où il ne doive pas geler. Elles seront enterrées dans le sable ou rangées par tas séparés, recouvertes d'un peu de paille ou de chaume. C'est le moment de choisir les plus saines, pour les replanter après l'hiver, et de se procurer de bonnes graines.

Quand on recueille les graines, il faut choisir de préférence celles de l'ombelle principale, et sur cette ombelle celles de la circonférence. Elles sont bonnes à semer au bout de deux ans ; mais la nouvelle graine est toujours la meilleure.

CÉLERI, voyez PERSIL.

## CERFEUIL.

CERFEUIL, s. m., *chœrophyllum*, Lam. Genre de plantes de la famille des ombellifères, Juss., et de la pentandrie digynie, Linn., dont les principaux caractères sont d'avoir une corolle de cinq pétales courts, en rose et un peu inégaux ; cinq étamines dont les filamens portent des anthères arrondies ; un ovaire inférieur, chargé de deux styles persistans, et à stigmates simples ou obtus ; un fruit allongé ou cylindrique, lisse ou strié, composé de deux graines appliquées l'une contre l'autre.

Les cerfeuils sont des plantes herbacées, annuelles ou vivaces, dont les feuilles sont composées et deux ou trois fois ailées, et dont les fleurs viennent sur des ombelles dépourvues de collerette

3.

universelle. On en connaît aujourd'hui une vingtaine d'espèces dont les deux suivantes sont les seules cultivées dans les jardins potagers.

CERFEUIL CULTIVÉ, *chærophyllum sativum*, Lam. Sa racine est blanche, de l'épaisseur du petit doigt, oblongue et fibreuse ; elle produit une ou plusieurs tiges hautes d'un pied et demi à deux pieds, cylindriques, striées, glabres, fistuleuses et rameuses. Ses feuilles sont molles, deux à trois fois ailées, composées de folioles un peu élargies et incisées. Ses fleurs sont blanches, petites, disposées en ombelles latérales presque sessiles et formées pour la plupart de quatre à cinq rayons ; elles sont munies de collerettes particielles composées de deux à trois folioles et tournées du même côté. Ses fruits sont oblongs, menus, presque cylindriques, très-lisses et noirâtres dans leur maturité. Cette plante croît naturellement dans le midi de l'Europe.

*Usages et propriétés.* — Le cerfeuil commun a une saveur douce légèrement aromatique et agréable. On le mange comme assaisonnement dans les salades ; on le fait aussi bouillir dans le bouillon, ou seul ou avec d'autres herbes, il le rend très-agréable au goût ; mais comme ses parties sont subtiles, il ne faut pas le faire bouillir long-temps. Il passe pour être incisif, apéritif, diurétique, anti-hydropique, emménagogue, et résolutif.

*Culture.* — Le cerfeuil demande une terre bien meuble, ni trop sèche, ni trop humide, et craint

les fumiers qui lui donnent facilement leur odeur.
On le multiplie de graines qu'on peut semer depuis
le mois de mars jusqu'à la fin de septembre, avec
cette différence qu'il faut le mettre à une bonne
exposition lors des semis qu'on fait au commencement du printemps; et au nord et à l'ombre lors
de ceux qu'on fait en juin et en été.

CERFEUIL ODORANT, *chærophyllum odoratum*,
Lam. Sa racine est longue, grosse, blanche et
molle. Sa tige est fistuleuse, épaisse, cannelée, rameuse, un peu velue, haute de deux à trois
pieds. Ses feuilles sont larges, trois fois ailées, légèrement velues, composées de folioles ovales
aiguës, incisées et dentées. Ses fleurs sont blanches, disposées en ombelles médiocres. Il leur
succède des fruits longs de quatre à six lignes, remarquables par leur profonde cannelure. Cette
plante croît dans les montagnes de la Suisse, de
la Provence, et en Italie, dans les prés.

*Usages.* — Ce cerfeuil se cultive fréquemment
dans les jardins, à raison de l'excellente odeur
de toutes ses parties. On le mange comme le précédent, en salade et dans les bouillons; mais sa
saveur trop forte et trop aromatique en éloigne
beaucoup de monde. Les peuples du nord de
l'Asie s'en nourrissent et en préparent une liqueur
fort agréable.

*Culture.* — Une terre légère et sèche est celle
qui convient le mieux au cerfeuil odorant. On le
multiplie de graines, qui, lorsqu'elles sont vieilles,
ne lèvent quelquefois que la seconde année, et

par la séparation des vieux pieds. Ce moyen qui
est très-facile, qui donne une jouissance prompte,
est presque le seul employé : on le pratique en automne ou au printemps.

# CHOU.

CHOU, s. m., *brassica*, Linn. Genre de plantes
de la famille des crucifères, Juss., et de la tétradynamie siliqueuse, Linn., dont les principaux caractères sont d'avoir un calice de quatre folioles
droites, conniventes, un peu bossues à leur base ;
quatre pétales disposés en croix, à onglets presque
aussi longs que le calice; six étamines, dont deux opposées plus courtes que les autres ; un ovaire supérieur, cylindrique, entouré de quatre glandes à sa
base ; une silique tétragone, partagée par une cloi-
son longitudinale en deux loges qui renferment chacune plusieurs semences globuleuses.

Les choux sont des plantes herbacées, à racines
bisannuelles, à feuilles alternes, et à fleurs disposées en grappes terminales. On en connaît aujourd'hui une trentaine d'espèces dont les plus
importantes à connaître sont les suivantes:

Chou POTAGER, *brassica oleracea*, Linn. Cette
espèce, qui est le chou proprement dit, est connue
de tout le monde par l'usage fréquent qu'on en
fait comme aliment ; cultivée de temps immémorial chez presque tous les peuples, elle a produit un si grand nombre de variétés, qu'il est

aujourd'hui fort difficile de reconnaître, au milieu d'elles, le type principal : on ne peut donc donner, d'une manière absolue, les caractères particuliers à cette espèce, mais seulement un certain nombre de rapports généraux, sous lesquels les différens choux se conviennent entr'eux : ainsi, toutes les variétés ont en général une racine dont le collet s'élève hors de terre, en manière de tige, et forme une souche droite, charnue et cylindrique ; une véritable tige haute d'un à six pieds, rameuse, glabre et feuillée ; des feuilles alternes, glabres, d'un vert plus ou moins glauque, quelquefois teintes de rouge ou de violet, et dont les inférieures sont pétiolées, ronciculées à leur base, plus ou moins sinueuses, tandis que les supérieures sont plus simples, plus petites et le plus souvent amplexicaules ; des fleurs assez grandes, jaunâtres ou presque blanches, disposées en grappes droites, lâches et terminales, auxquelles succèdent des siliques presque cylindriques.

Pour mettre un peu d'ordre dans ce que j'ai à dire sur les différentes variétés de choux, je suivrai les divisions établies par M. Duchesne de Versailles, dans un excellent travail qu'il a fait sur cette matière, et dans lequel il distribue toutes les variétés en six races principales, savoir :

Le chou-colsa, qui semble s'éloigner le moins du type de l'espèce naturelle.

Les choux verts, qui s'élèvent le plus et ne pomment jamais.

Les choux-cabus, ou pommés, dont les feuilles larges et épaisses se recouvrent les unes par les autres, et forment une sorte de masse globuleuse ou ovoïde, plus ou moins solide.

Les choux-fleurs, dont les rameaux et les fleurs naissantes prennent un accroissement particulier, et forment une masse charnue et colorée.

Les choux-raves, dont la partie inférieure de la tige se distend et s'épaissit de manière à présenter un renflement considérable, arrondi ou ovale, contenant une pulpe tendre.

Les choux-navets, dont la racine est tubéreuse et charnue comme dans le navet.

1°. CHOU-COLSA, *brassica oleracea arvensis*, Linn. Ses feuilles radicales sont pétiolées, sinuées, ou légèrement découpées, ou même quelquefois ailées à leur base; celles de la tige sont sessiles et cordiformes: les unes et les autres lisses, d'un vert glauque, et toujours plus petites que dans les autres variétés. Ses fleurs sont blanches ou jaunes, ce qui constitue deux sous-variétés: celle à fleurs jaunes a les feuilles plus grandes et plus épaisses.

*Usages.* — On cultive le colsa en grand dans les Pays-Bas, aux environs de Lille, et dans d'autres cantons du nord de la France, pour récolter ses graines qui fournissent par expression une huile qui est fort bonne à manger, et propre à brûler, à faire du savon noir, à préparer les cuirs et à fouler les étoffes de laine. Le résidu de la graine, après qu'on en a extrait l'huile, nommé trouille ou pain de trouille, se vend pour être donné aux bestiaux qu'il engraisse, surtout aux vaches et aux cochons qui en sont très-avides. On l'emploie aussi pour fumer les terres, et c'est un des meilleurs engrais.

2°. CHOU VERT; *brassica oleracea viridis*, Linn. Les variétés de cette race ne pomment jamais; les plus remarquables sont :

Le choux vert à larges côtes, ou chou de Beauvais des Parisiens, dont la tige est basse, et dont les feuilles sont rondes, unies, épaisses, d'un vert foncé et traversées par une large côte blanche.

Le chou pancalier ou chou vert frisé, dont les feuilles sont d'un vert foncé, et frisées sur les bords.

Le chou crépu d'Écosse, qui diffère du précédent en ce que ses feuilles sont plus petites, plus frisées, et que sa tige s'élève jusqu'à quatre pieds.

Le chou à feuilles prolifères, dont les nervures, ou côtes principales des feuilles, donnent naissance à d'autres petites feuilles frisées et pétiolées.

Le chou vivace de Daubenton, dont les ramifications sont très-nombreuses, s'étendent beaucoup et s'allongent tellement, qu'enfin, ne pouvant plus se soutenir, elles s'abaissent insensiblement jusqu'à terre, où elles prennent racine.

Le chou-palmier, qui s'élève à la hauteur de six pieds, et se dépouille de ses feuilles jusqu'à son sommet, où il en reste une douzaine, qui lui

donnent l'aspect d'un palmier par leur diver-
gence et leur longueur.

*Culture.* — La culture de toutes ces variétés est
la même : on les sème depuis le mois de février
jusqu'en juillet, dans un terrain bien préparé par
plusieurs labours et à une bonne exposition; lorsque
les choux jeunes ont de cinq à sept feuilles, on
les arrache pour les replanter dans un sol qui
leur est destiné, et à des distances qui diffèrent
selon la grandeur à laquelle parvient chaque variété.

3°. Chou-Cabu, *brassica oleracea capitata*, Linn.
Cette race de choux est remarquable, parce que,
dans les individus qui lui appartiennent, les feuilles
sont grandes, peu découpées, presque arrondies,
concaves, et tellement rapprochées, qu'elles
s'embrassent les unes les autres, se recouvrent
comme les écailles d'un bulbe, se compri-
ment fortement en s'enveloppant, et forment
une grosse tête arrondie, massive, qui renferme
pendant quelque temps la tige et les branches
avant leur développement, qui n'a lieu que
lorsque celles-ci rompent cette sorte de tête ou
pomme monstrueuse.

Les variétés de cette race se divisent en deux
sections, dont la première comprend les choux-
cabus proprement dits, ayant les feuilles entières
et les fleurs jaunes, tandis que la seconde renferme les choux-cabus frisés, ou choux de Milan,
qui ont les feuilles crépues, ridées, boursoufflées, et
les fleurs blanches.

Les variétés de la première section, le plus habituellement cultivées dans les environs de Paris, sont les suivantes :

Le chou-cabbage, qui est très-petit et très-précoce. On le mange dès le milieu d'avril.

Le chou hâtif d'York, qui est le plus gros et se mange quinze jours plus tard.

Le chou hâtif en pain de sucre, nommé ainsi à cause de la forme allongée de sa pomme ; il est encore plus gros, et vient à-peu-près dans le même temps.

Le chou cœur-de-bœuf a la même forme que le précédent, mais il est plus gros.

Le chou hâtif de Bonneuil. Sa souche est basse, et sa tête ronde, assez grosse.

Le chou pommé de Saint - Denis, ou d'Aubervilliers. Sa tête est presque ronde, grosse, très-sucrée, d'un vert foncé, et d'une odeur très-forte.

Le petit chou rouge. Sa tête est de même grosseur que celle du précédent; mais sa couleur est d'un vert violet sale, et il n'a presque point d'odeur.

Le chou pommé blanc d'Alsace. Sa souche est courte, épaisse, et sa tête plate et fort serrée.

Le chou pommé blanc de Hollande. Sa souche est plus haute, et sa tête est un peu plus grosse.

Le chou pommé rouge. Sa tête est extrêmement serrée, et ses feuilles sont grandes, d'un pourpre lie-de-vin, avec les côtes et les nervures rouges.

4

Le chou pommé ordinaire. Sa tête est large d'un pied, aplatie, ferme, d'un vert blanchâtre, avec des nervures ou blanches, ou violettes. Cette variété est très-répandue.

Le chou d'Allemagne tardif, ou chou quintal. Aucun chou n'a une tête aussi grosse que celui-ci : on en cite qui pesaient quatre-vingts livres. Il est peu commun en France; mais on le cultive abondamment en Allemagne : c'est avec ce chou que les Allemands fabriquent la plus grande partie de leur choucroute qui se trouve dans le commerce.

Les variétés de la seconde section sont moins nombreuses; mais on les regarde comme les meilleures.

Le petit chou de Milan hâtif. Sa tête est d'un beau vert. On le mange en mai.

Le chou frisé court. Ses feuilles, d'un vert bleu et très-frisées, forment une tête plate et très-serrée.

Le chou de Milan doré. Sa tête est ovale, d'un vert jaunâtre.

Le chou de Milan tardif. Sa souche est haute, et sa tête grosse, ferme et d'un vert foncé.

*Culture.* — On sème les différentes variétés de choux cabus à trois époques différentes; au commencement de l'automne, en pleine terre, au nord, en février et en mars, sur couche; en mars et avril, en pleine terre, au midi. Les choux hâtifs qui ont été semés en automne peuvent rester jusqu'au printemps sans être déplantés,

en ayant le soin de les couvrir de paille ou de
fougère pendant les grands froids ; mais il vaut
mieux les repiquer avant l'hiver, à une bonne exposition et à six pouces l'un de l'autre, jusqu'à ce
qu'on les mette en place, au mois de mars. Les
autres choux se replantent en avril et mai, selon
les variétés.

Comme la plupart des choux pommés craignent
les fortes gelées, il est toujours bon d'arracher les
plus beaux pieds pour les mettre à l'abri, en les
plantant dans du sable renfermé dans une orangerie ou dans un cellier.

*Usages et propriétés.* — Le chou était regardé
chez les anciens comme un aliment aussi agréable
que salutaire ; il constitue une grande partie de la
nourriture habituelle de plusieurs peuples du Nord :
les habitans des campagnes et la classe laborieuse
des villes en retirent à peu de frais parmi nous
un mets précieux ; modifié par l'art culinaire, il
n'est pas dédaigné sur les tables les mieux servies. On a remarqué néanmoins que certains estomacs le digèrent difficilement, qu'il détermine
le développement de beaucoup de gaz dans l'appareil digestif, et donne lieu à la tension du ventre et à des éructations fétides et incommodes ;
à moins qu'il ne soit associé à des condimens et à
des assaisonnemens propres à exciter l'action de
l'estomac et à en favoriser la digestion.

En faisant subir au chou un commencement de
fermentation qui y développe un principe acide,
on obtient le Sauer-Craut, mot allemand dont

nous avons fait les expressions choucroute, chou
aigre, chou confit, sous lesquelles nous désignons
cette substance alimentaire.

Pour l'obtenir, selon M. Montègre, on coupe
les feuilles de chou en tranches minces ou en ru-
bans effilés qu'on étend dans un tonneau par
couches de trois ou quatre pouces d'épaisseur, en
faisant alterner chaque couche avec une couche de
sel. Il faut avoir soin de placer préalablement un
lit de sel au fond du tonneau ; et quand ce dernier
est rempli on couvre la dernière couche de choux
d'un lit de sel semblable à celui du fond. La quantité de sel marin qu'on emploie dans cette opération est ordinairement d'une livre par quintal, ou
cent livres de choux. Après avoir fortement comprimé le tout, on place sur le dernier lit de sel de grandes feuilles de chou entières sur lesquelles on étend
une toile humide, et l'on recouvre cet appareil d'un
couvercle chargé d'un poids assez considérable pour
empêcher la masse de se soulever pendant la fermentation. Bientôt les choux ainsi comprimés aban-
donnent leur eau de végétation, qui coule extrêmement fétide et boueuse à l'aide d'un robinet placé à
cinq ou six pouces du bord inférieur du tonneau. On
y substitue alors une autre saumure qu'on change de
même au bout de quelques jours, et qu'on renouvelle ainsi successivement jusqu'à ce qu'elle sorte
nette et sans odeur, ce qui arrive ordinairement du
douzième au quinzième jour.

La choucroute, ainsi préparée, se conserve très-
long-temps sans altération, pourvu qu'elle soit con-

stamment recouverte d'un à deux pouces de saumure pour la préserver du contact de l'air. On en fait
un très-grand usage en Angleterre, en Allemagne et
autres contrées du Nord. Elle est rarement agréable à ceux qui en mangent pour la première fois;
mais on s'y accoutume bientôt, et on finit par lui
trouver un goût fort appétissant.

Il est peu de végétaux qui aient joui en médecine d'une aussi grande réputation que le chou. Ses
vertus ont été célébrées par Pythagore. Hippo-
crate le regardait comme propre à évacuer la bile.
Caton l'Ancien l'administrait avec une confiance
aveugle dans presque toutes les maladies; et ce
grand homme, alliant une crédulité extrême à sa
haine contre les médecins, eut bien la faiblesse de
croire que lui et sa famille avaient été préservés
de la peste par les vertus prodigieuses de ce végé-
tal. Pline ne se montre pas moins crédule sur les
propriétés médicales du chou; il parle de son effi-
cacité dans le traitement de plusieurs maladies, et
notamment dans la goutte. Aristote, et presque
tous les philosophes, les médecins et les natura-
listes de l'antiquité, ont fait mention de sa singu-
lière propriété de prévenir et de faire disparaître
l'ivresse. Personne, d'après la remarque de M.
Montègre, n'a encore constaté, par des expériences, la vérité ou la fausseté d'un fait aussi remarquable; mais le judicieux Spielmann pense que
cette opinion tient à l'idée, beaucoup plus ancien-
nement répandue chez les Grecs, d'une prétendue
antipathie entre la vigne et le chou; idée à laquelle

4.·

on ne peut guère reconnaître d'autre origine que
l'imagination des poètes, puisque les observations
agronomiques en démontrent chaque jour la fausseté. On a attribué au chou beaucoup d'autres propriétés diverses, souvent même contradictoires. L'É-
cole de Salerne le regardait à la fois comme relâ-
chant et comme astringent : *jus caulis solvit cujus
substantia stringit.* Enfin, l'enthousiasme pour cette
plante a été porté si loin qu'on a été jusqu'à attri-
buer la vertu imaginaire de guérir les fistules, les
dartres, les cancers, etc., à l'urine des personnes
qui s'en nourrissent.

   Quoique le chou soit prodigieusement déchu parmi nous de son antique réputation, les médecins
modernes ne laissent pas que de lui reconnaître
quelques qualités réelles. Aussi on le place, à
juste titre, au rang des antiscorbutiques; et, à
raison de ses qualités mucilagineuses, plusieurs de
ses préparations figurent parmi les béchiques et
les pectoraux.

   4°. CHOU-FLEUR, *brassica oleracea botrytis, Linn.*
La surabondance de nourriture dans cette race,
au lieu de se porter, comme dans les autres, soit
dans les feuilles, soit dans la souche, ou la racine,
se porte dans les branches naissantes de la véritable tige, et y produit un gonflement singulier
qui les transforme en une masse épaisse ou une
tête mamelonnée, charnue, blanchâtre, tendre,
en cime dense, qui ressemble en quelque sorte à
un bouquet, et qui est fort bonne à manger. Si on
laisse pousser cette tête jusqu'à la hauteur conve-

nable, elle se divise, se ramifie, s'allonge, et porte
des fleurs comme les autres choux. Les feuilles des
choux-fleurs sont plus allongées que celles des
choux cabus, et leur tête est d'un blanc éclatant
dans les belles variétés.

On distingue, dans les plantes de cette race, les
choux-fleurs proprement dits, et les brocolis. Les
variétés qui appartiennent aux premiers sont :

Le chou-fleur dur commun, dont la tête est grosse, bien garnie, et qui devient verdâtre eu cuisant.

Le chou-fleur dur d'Angleterre. Sa tête est peu
sucrée et la cuisson n'altère pas sa couleur.

Le chou-fleur tendre. Il est moins gros que le
précédent, mais plus tendre et plus délicat. On
distingue à peine les sous-variétés appelées de
Hollande et d'Italie.

Les brocolis diffèrent des choux-fleurs, en ce
qu'au lieu de former une tête arrondie, la souche
se divise en un faisceau de rameaux longs de plusieurs pouces, et terminés par un groupe de boutons à fleurs. Ces rameaux sont tendres, succulens,
et se mangent comme les choux-fleurs.

Les brocolis les plus communs sont :

Le brocoli commun, dont les rameaux et les
boutons sont verts.

Le brocoli de Malte, dont les boutons sont
plus petits, plus nombreux et d'un beau violet.

Le brocoli blanc, qui ne diffère du précédent
que par sa couleur blanche qui le rapproche davantage du chou-fleur.

Les choux-fleurs et les brocolis forment un aliment recherché et d'une saveur très-agréable.

*Culture.* — Les brocolis et les choux-fleurs ont besoin d'une bonne terre et de beaucoup d'eau; il réussissent beaucoup mieux dans les pays méridionaux que dans le Nord, et plus ils avancent de ce côté, moins ils ont de qualité et plus ils sont sujets à dégénérer. On les sème à diverses époques; mais, comme ils sont plus délicats que les autres choux, quand on répand leur graine en mars et avril, c'est sur couche et sous cloche; pour retarder l'époque où ils montent en graine, et les maintenir dans l'état de plante potagère, on les repique deux fois. Quand on les plante en pleine terre, ce qu'on ne peut faire avant la mi-mai, dans le climat de Paris, si on a une certaine quantité de terreau, on en mêle dans la terre, et si on en a peu on se contente d'en couvrir les places que doivent occuper les plantes.

Pour conserver les choux-fleurs et les brocolis en automne et en hiver, on doit, à l'approche des froids de l'automne, leur couper la tige ainsi que toutes les feuilles, ensuite les placer sur des tablettes dans un cellier aéré ou dans une cave; et si ces lieux sont sains, on les conservera de cette manière jusqu'à la fin de l'hiver.

5°. Chou-rave, *brassica oleracea gongyloïdes*, Linn. Dans cette race, la surabondance de nourriture se porte à la souche ou fausse tige de la plante, et y produit un renflement considérable qui la transforme en une masse tubéreuse, sucrée et bonne à manger. On en distingue deux variétés principales.

Le chou-rave commun, ou chou de Siam. Sa souche se garnit de feuilles médiocrement grandes, froncées, dentelées et souvent découpées vers leur pétiole, qui est plus long que dans toutes les autres variétés. Ces feuilles tombent les unes après les autres lorsque sa souche a acquis la longueur de six à huit pouces, et celle-ci s'enfle et devient une tubérosité arrondie, de trois à quatre pouces de diamètre, dont la chair est blanche, plus ferme que celle du navet, et dont la saveur approche de celle du chou.

Le chou-rave violet. Il se distingue du précédent par des traits de violet sur les pétioles et sur les revers de ses feuilles, et par la peau de sa pomme qui est presque partout de la même couleur.

*Culture.* — On sème les choux-raves à trois ou quatre époques différentes, depuis mars jusqu'en juin. Pour les obtenir de bonne qualité il faut avoir soin de les arroser et de les biner fréquemment. Ceux qu'on sème à la fin de mai, et que l'on récolte avant les gelées, sont rarement durs, parce qu'ils sont attendris par la rosée, par la fraîcheur des nuits, et par les pluies assez ordinaires à la fin de l'été et de l'automne. Ceux qu'on cultive en grand, pour les donner aux bestiaux, se gardent pendant l'hiver dans un cellier sec et aéré.

6°. CHOU-NAVET, *brassica oleracea napus*, Linn. Cette race paraît participer de la nature des na-

vets, espèce distincte dont je parlerai plus bas.
Comme le navet proprement dit, le chou-navet
produit au niveau de la terre des feuilles ailées,
plus découpées que celles du chou-rave, mais
plus douces au toucher, comme celles de tous
les choux. Sa racine renflée, tubéreuse, presque
ronde, de trois ou quatre pouces de diamètre, contient une pulpe comestible plus ferme que celle
des navets et couverte d'une peau dure et épaisse;
du milieu des feuilles radicales il s'élève une tige
rameuse, haute de trois à quatre pieds, portant des
fleurs et ensuite des graines comme tous les autres
choux; cependant on doit remarquer, à cet égard,
que dans cette race et dans la précédente, la graine
est communément fort grosse, tandis qu'elle est,
au contraire, fort petite dans les choux-fleurs.

*Usages.* — On cultive peu le chou-navet comme
aliment. Dans les pays où on le plante, c'est particulièrement pour la nourriture des bestiaux.
La variété connue sous le nom de chou-navet de
Laponie paraît avoir une supériorité marquée sur
le chou-navet commun, et elle a même sur les
choux verts et les choux pommés, l'avantage de
croître dans des terres médiocrement fertiles, et
de ne pas craindre les gelées les plus rigoureuses;
elle peut fournir pendant tout l'automne et une
partie de l'hiver, une grande quantité de feuilles
pour la nourriture des bestiaux, et lorsqu'au
printemps on manque de fourrages verts, ces
mêmes bestiaux trouvent dans les racines de cette
plante un aliment très-succulent et très-sain.

*Culture.* — Les choux-navets se cultivent à peu près de la même manière que les autres variétés dont il a été question, particulièrement comme les moins délicates. On les sème en pépinières, au mois de septembre au levant, ou au mois de mars au midi. Les premiers semis se repiquent à dix-huit pouces ou deux pieds l'un de l'autre, à la fin de mai ou en juin, et ceux du second, en juillet et août.

CHOU-NAVET, *brassica napus*, Linn. On distingue dans cette espèce deux variétés principales, savoir : la navette et le navet proprement dit.

La NAVETTE, *brassica asperifolia sylvestris*, Lam. Sa racine oblongue, fibreuse, peu charnue et d'un goût un peu âcre, donne naissance à une tige haute d'environ un pied et demi, un peu rameuse, garnie à sa base de feuilles en lyre, chargées en leurs bords et sur leur pétiole de poils courts ; ses feuilles supérieures sont amplexicaules et très-glabres ; ses fleurs sont petites, jaunes, et ont un calice à demi ouvert. Cette plante croît naturellement dans les champs en France et dans d'autres parties de l'Europe.

*Usages.* — On cultive la navette dans plusieurs endroits pour sa graine, dont on retire de l'huile par expression. Cette huile entre dans la préparation des alimens des habitans des campagnes. On s'en sert pour brûler, pour préparer les cuirs et les draps, pour faire du savon noir, etc. La mauvaise odeur qu'on lui connaît est très-peu sensible, lorsqu'elle a été préparée avec de la graine suffisamment mûre et non altérée, et avec les précautions convenables.

*Culture.* — La navette demande un sol léger et un peu frais. On la sème depuis la fin de juillet jusqu'au commencement de septembre, à la volée et en plein champ; et l'été suivant on fait la récolte de sa graine lorsque la plus grande partie des siliques sont jaunes, et sans attendre leur complète maturité, qui occasionerait un égrainement et une perte considérable.

Le NAVET, *brassica asperifolia radice dulci,* Lam. Sa racine charnue, d'un goût un peu piquant et agréable, est de forme, de grosseur et de couleur différente selon les sous-variétés produites par la culture. Ses feuilles radicales sont oblongues, en lyre, d'un vert foncé, chargées de poils courts; celles de la tige, au contraire, sont oblongues, amplexicaules, en cœur à leur base, glabres et dures au toucher. Ses fleurs sont jaunes ou d'un blanc jaunâtre, disposées en grappes lâches et terminales. Il leur succède des siliques longues d'environ un pouce, qui contiennent des graines presque rondes, d'un rouge brun, et d'un goût âcre et piquant.

On distingue plusieurs variétés de navets, d'après la forme, la grosseur ou la couleur des racines: celles-ci sont grosses ou petites, rondes ou allongées, blanches, ou grises, ou jaunâtres, ou même noirâtres. Les petits navets sont les plus estimés et les plus agréables au goût; leur qualité dépend beaucoup de la nature du sol sur lequel ils sont venus:

ceux des terres sablonneuses et légères sont les meilleurs.

*Usages.* — La saveur douce et sucrée des navets les rend un aliment très-agréable et les fait servir sur nos tables préparés de mille manières. Dans certaines provinces, la racine cuite sert à engraisser les porcs et la volaille ; en d'autres contrées, les feuilles et les racines crues sont employées pour engraisser les bœufs et les moutons. Les semences de cette plante, à l'exemple de celles du colsa, fournissent une huile assez douce lorsqu'elle est exprimée, sans l'intermède du feu, mais cependant inusitée comme condiment à cause d'une certaine odeur forte. On s'en sert néanmoins avec avantage pour l'éclairage, pour la fabrication du savon, pour frotter les meubles, pour oindre les machines et certaines étoffes de laine.

*Culture.* — Les navets demandent un terrain sablonneux et doux. On les cultive dans les jardins et dans les champs. La saison pour les semer en plein champ est depuis la fin de juin jusqu'au commencement d'août. La graine se répand ordinairement à la volée ; mais il serait préférable de la semer en rayons, ce qui rend les opérations du binage et du sarclage beaucoup plus faciles. Dans les jardins, pour avoir des navets en toute saison, on en sème depuis le mois de mars jusqu'en septembre, et lorsque le temps est sec, on arrose le semis depuis le moment où les graines sont en terre jusqu'à ce que les plantes aient plusieurs feuilles.

5

CHOU - RAVE OU GROSSE-RAVE , *brassica rapa*, Linn. Cette espèce ressemble beaucoup au navet par son port et par la forme de ses parties. Sa racine est tubéreuse, charnue, arrondie ou ovoïde, quelquefois aussi grosse que la tête d'un enfant ; sa tige est droite, rameuse, feuillée et cylindrique, lisse. Ses feuilles radicales sont en lyre, inégalement dentées, rudes au toucher, d'un vert foncé ; celles de la tige sont en cœur, lancéolées, très- entières, lisses et glauques. Ses fleurs sont d'un jaune doré, et ses siliques sont longues et cylindriques.

*Usages.* — On cultive cette plante dans les champs et dans les jardins. Les paysans du Limousin, de l'Auvergne, du Lyonnais, font un grand usage de sa racine comme aliment : ils la mangent cuite dans la soupe, cuite sous la cendre ou de différentes manières ; ils la donnent aussi à leurs bestiaux pour les nourrir pendant l'hiver.

CITROUILLE , voyez COURGE.

# CONCOMBRE.

CONCOMBRE, s. m., *cucumis*, Linn. Genre de plantes de la famille des cucurbitacées, Juss., et de la monoécie monadelphie, Linn., ayant les sexes séparés dans des fleurs différentes, réunies sur le même individu, et dont les caractères principaux sont les suivans : dans les mâles, calice monophylle, campanulé, à cinq découpures étroi-

tes en alène ; corolle en cloche, adhérente au calice à cinq découpures ovales et ridées ; trois étamines courtes, dont deux soudées ensemble par
le filament, et toutes réunies par les anthères.
Dans les femelles, calice et corolle, comme dans
les mâles ; trois filamens pointus et stériles ; un ovaire inférieur, surmonté d'un style court, terminé
par trois stigmates épais, fourchus ; une grosse
baie ou pomme charnue, succulente, divisée intérieurement en trois loges par des cloisons molles et
nombreuses renfermant un grand nombre de semences, comprimées, ovales, aiguës, dépourvues
de rebord.

Les concombres sont en général des plantes herbacées, annuelles, à tiges couchées sur la terre, ou
grimpantes ; à feuilles alternes, et à fleurs axillaires.
On en connaît aujourd'hui seize espèces, qui pour
la plupart sont originaires des climats chauds de
l'ancien continent. Je ne parlerai ici que des plus
remarquables.

CONCOMBRE MELON, *cucumis melo*, Linn. Sa tige
est herbacée, charnue, cylindrique, couchée sur la
terre ou s'élevant sur les corps environnans au
moyen de ses vrilles extra-axillaires et couvertes de
poils très-rudes. Ses feuilles sont alternes, pétiolées,
grandes, presque cordiformes. Ses fleurs sont jaunes, assez petites, pédonculées, et naissent réunies
en petit nombre à chaque aisselle des feuilles. Le
fruit qui succède aux fleurs femelles est très-gros,
ordinairement globuleux, relevé de côtes rugueu-
ses ; il offre souvent une vaste cavité accidentelle.

Le melon, cultivé depuis un temps immémorial dans les jardins de l'Europe, à cause de l'excellence de son fruit, est originaire des climats chauds de l'Asie. Il a produit de nombreuses variétés qu'on distingue à la forme générale des fruits plus ou moins globuleux, plus ou moins ovales, relevés de côtes ou non ; à la couleur de leur écorce unie, réticulée ou tuberculeuse, verte, grisâtre ou jaunâtre ; à la teinte de leur chair qui prend toutes les nuances entre le jaune orangé et le blanc, dont la consistance est succulente, tendre, abondante en eau, et dont la saveur douce et sucrée, délicieuse, est relevée d'un parfum agréable, quelquefois comme musqué.

Toutes les variétés connues des melons peuvent se réduire à trois races principales.

La première de ces races comprend les melons à écorce réticulée, grisâtre, parmi lesquels on distingue :

Le melon maraîcher, arrondi dans sa forme, ayant la chair très-épaisse, abondante en eau, d'une saveur médiocre, rarement parfumée.

Le melon de Honfleur, qui est gros, ovale et a sa chair de bonne qualité. A Honfleur, ce melon pèse quelquefois jusqu'à vingt-quatre et trente livres.

Le melon de Coulommiers, dont la forme est moins régulière, d'un moindre volume, et d'une chair inférieure en qualité.

Le melon des Carmes présente deux sous-variétés, l'une plus grosse et l'autre plus petite, ayant toutes deux la chair pâle, très-fondante et très-sucrée.

Le melon des Anglais, qui est ovale, de grosseur médiocre, à côtes, et qui a la chair d'un jaune orangé, d'une saveur sucrée et parfumée.

Le melon sucrin de Tours ; il est gros, arrondi, et il a la chair un peu ferme, très-sucrée, d'un jaune orangé.

La seconde race comprend les melons cantaloups, qui tirent leur nom de *Cantalupi*, maison de campagne des papes à quatre lieues de Rome, où ils furent d'abord cultivés. Les variétés qui appartiennent à cette race, ont l'écorce épaisse, relevée de grosses côtes et chargée de tubercules galleux : les principales sont :

Le cantaloup orange, qui est petit, très-hâtif, qui a le fond de son écorce d'un vert brun, relevé de côtes et surchargé de tubercules jaunâtres. Sa chair est épaisse, ferme, d'un jaune orange, et d'un goût délicieux.

Le cantaloup hâtif d'Allemagne ; il est aussi précoce que le précédent, dont il diffère en ce qu'il est plus gros, et en ce que son écorce est d'un vert clair jaunâtre, presque unie, et que sa chair est moins bonne.

Le cantaloup petit pescott, relevé de côtes galleuses, aplati à sa base et à son sommet, couronné en cette dernière partie : il est hâtif et sa chair excellente.

Le cantaloup gros pescott, dans lequel on distingue deux sous-variétés, l'une à écorce fond noirâtre, et l'autre à fond blanchâtre ; elles mûrissent de bonne heure, et leur chair est très-délicate.

5.

Le cantaloup boule de Siam, moins bon que les précédens, est aplati à sa base et à son sommet, relevé de larges côtes chargées de tubercules galleux ; le fond de sa couleur est d'un vert noirâtre.

Les melons de la troisième et dernière race ont l'écorce unie et mince ; tels sont les suivans :

Le melon de Malte, qui est hâtif, de moyenne grosseur, d'une forme ovale allongée, et dans lequel on distingue deux sous-variétés : dans la première la chair est lâche, fondante et sucrée ; dans la seconde, elle est d'un jaune orangé, et elle a peu de parfum.

*Culture.* — Dans les pays chauds on donne peu de soins à la culture du melon ; il aime la sécheresse et la chaleur, et veut une terre substantielle et ameublie. Dans les climats tempérés et froids, on est obligé de le cultiver sur couches et sous châssis.

La méthode la plus facile est celle qui se pratique à Honfleur, en Normandie : à l'exposition du jardin la plus méridionale, la mieux abritée des vents, et qui reçoit les rayons du soleil depuis son lever jusqu'à son coucher, on choisit un espace destiné à la melonnière. Lorsqu'on ne craint plus les fortes gelées, on creuse des fosses de deux pieds et demi de profondeur, largeur et longueur, à six pieds de distance l'une de l'autre. On les remplit successivement jusqu'au milieu d'avril, de fumier, de litière qu'on foule fortement couche par couche jusqu'à ce qu'il remplisse la fosse au

niveau du sol ; on met par-dessus un pied environ
de bonne terre, et chaque fosse est recouverte
d'une cloche qui a presque son diamètre. Cinq à six
jours après, lorsque la chaleur s'est établie dans le
centre et s'est communiquée à la couche supérieure
de terre, au point de ne pouvoir qu'à peine y tenir
le doigt en l'y enfonçant, on sème la graine, et on
l'enterre à la profondeur de quinze à seize lignes,
en ayant soin de séparer chaque graine par trois
à quatre pouces de distance.

On met deux graines à la fois dans chaque trou.
La graine lève ordinairement depuis le huitième
jusqu'au quinzième jour. Les melons parvenus à
avoir six ou sept feuilles, on choisit par chaque
fosse les deux pieds les plus vigoureux et l'on coupe
les autres entre deux terres sans les arracher. On
retranche en même temps la partie supérieure de
la tige en coupant sur le nœud, de manière qu'il ne
reste à chaque pied que deux feuilles.

Lorsque les plants ont donné des pousses de
huit à dix pouces de longueur, on doit les pincer
par le bout pour donner lieu à la production d'autres pousses latérales qu'on pincera également. Il
faut avoir l'attention de couvrir les cloches pendant la nuit, avec des paillassons, et de profiter,
pendant le jour, de toutes les heures de chaleur
pour donner de l'air aux plantes. Lorsque les pieds
ne peuvent plus tenir sous les cloches, on les lève
progressivement ; on fouit la terre qui sépare les
cloches, pour la rendre presque de niveau avec la
couche.

Lorsqu'on aperçoit le fruit il faut en retrancher une partie et n'en laisser que trois ou quatre sur chaque pied ; lorsqu'ils sont parvenus à la grosseur d'un petit œuf, il faut arrêter les branches d'où ils partent et supprimer les petites branches faibles, qui diminuent la vigueur de la plante. Lorsque les fruits ont à peu près vingt jours, on place sous chacun une tuile ou un carreau de terre cuite, et on les retourne tous les quatre ou cinq jours. Quand la queue commence à se détacher, que le melon jaunit en dessous et qu'il a un peu d'odeur, on peut le couper et le garder deux ou trois jours avant de le manger. Il faut deux mois à un beau melon de vingt à trente livres à compter du jour qu'il est assuré pour parvenir à parfaite maturité.

*Propriétés et usages.* — Aucun des fruits qui se cultivent en Europe ne contribue plus à l'agrément des repas de l'été que le melon. Il charme l'œil par la riche couleur de sa chair, comme l'odorat par son parfum, et le goût par son suc vineux sucré qui répand dans les sens une douce fraîcheur salubre et bienfaisante, si l'on n'en use qu'avec modération ; il devient souvent nuisible par l'excès auquel il semble inviter en fondant pour ainsi dire dans la bouche. Il convient aux hommes bilieux, à ceux dont l'estomac est robuste. Les individus délicats, tous ceux qui ne digèrent qu'avec peine, les convalescens, surtout, doivent s'en abstenir. Mangé sans modération, le melon cause souvent des indigestions, des coliques, des diarrhées et même la dyssenterie.

L'usage de ce fruit a eu souvent des effets avantageux pour les individus attaqués de maladies
chroniques, surtout de dartres ou d'affections des
reins et de la vessie. Borelli même prétend l'avoir
vu guérir des phthisies pulmonaires, résultat que
l'on ne peut malheureusement espérer que fort rarement. La pulpe crue en est quelquefois appliquée
avec avantage sur les brûlures ou les contusions
récentes; lorsqu'elle est cuite elle constitue de
fort bons cataplasmes émolliens et maturatifs.

Quant à ses semences, elles sont avec celles de
courge, de citrouille, désignées dans les pharma-
copées sous les noms de semences froides majeures.
Elles contiennent un mucilage uni à une huile fixe,
et, en les triturant dans l'eau après les avoir dépouillées de leur enveloppe crustacée, on en fait des
émulsions adoucissantes que l'on emploie fréquemment dans l'ischurie, la néphrite, l'inflammation
de l'urètre et de la vessie.

CONCOMBRE COMMUN OU CULTIVÉ, *cucumis sativus*,
Linn. Ses racines sont droites, garnies de fibres;
ses tiges sont sarmenteuses, velues, grosses,
longues, branchues et compactes; ses feuilles sont
alternes, palmées en forme de cœur, dentelées à
angles droits, et rudes au toucher. Les vrilles et les
fleurs naissent à l'aisselle des feuilles. Ses fleurs sont
jaunes, les femelles sont assises sur les ovaires; à
celles-ci succèdent des fruits allongés, presque cylindriques, obtus à leur extrémité, quelquefois recourbés dans le milieu, et offrant une surface lisse
ou parsemée de verrues. Ces fruits sont verdâtres,

jaunes ou blanchâtres, selon les variétés, dont les principales sont les suivantes :

Le concombre jaune. C'est la variété la plus commune et la plus productive.

Le concombre hâtif. Son fruit est plus petit et moins abondant ; il est bon pour avoir des primeurs.

Le concombre de Russie est aussi hâtif que le précédent, et il se distingue par son fruit très-court.

Le concombre blanc, dont la chair est blanche et fondante. C'est celui que l'on préfère dans les cuisines.

Le concombre perroquet. Sa peau est d'un vert pâle et inégal, quelquefois jaune et verte par moitié ; sa saveur est relevée, souvent même trop.

Le concombre à bouquet, dont les tiges s'allongent peu, et qui produisent vers leurs extrémités quatre à cinq fruits groupés ensemble.

Le concombre tardif ou à cornichon. C'est la variété qui paraît, par le volume de son fruit, se rapprocher le plus du type de l'espèce sauvage.

Le concombre passe pour être originaire d'Asie.

*Propriétés et usages.* — Les concombres sont loin d'avoir cette saveur sucrée, cette chair parfumée que nous savourons dans le melon : ils sont au contraire fades, aqueux et même un peu nauséabonds, lorsqu'ils sont crus ; aussi ne les mange-t-on généralement qu'après les avoir fait cuire. Ils sont dans cet état fort souvent employés pendant l'été. C'est un aliment que l'on peut comparer, presque sous tous les rapports, au melon, à la courge, etc.,

quant à son mode d'alimentation, c'est-à-dire qu'il
est fort peu nourrissant et ne convient guère qu'aux
tempéramens sanguins et bilieux. Sa pulpe récente
peut être employée, de même que celle du melon,
pour faire des applications rafraîchissantes. Elle
sert à préparer une pommade très-employée
comme cosmétique, dont les dames font un grand
usage parce qu'elle a la propriété d'adoucir la
peau, de la rendre plus fine et d'en faire disparaître les petites efflorescences furfuracées qui se
montrent fréquemment dans les différentes parties
du corps. Le suc exprimé de cette pulpe appliqué
sur les dartres, en diminue les démangeaisons et
calme la cuisson qu'occasionent fréquemment les
bains sulfureux.

*Culture.* — Les concombres aiment la chaleur
et l'eau; on les sème en différens temps, selon les
variétés, le climat, et l'exposition. Le concombre
hâtif peut se semer en automne dans des petits
pots remplis de terre légère et de terreau ; on
place ces pots, qui ne doivent contenir qu'une
seule plante, dans une couche ; on prend toutes
les précautions nécessaires contre la gelée. Dès
que les premières fleurs paraissent, on dépotte
chaque plante, on la met en terre sur une couche neuve, garnie de ses cloches. Au printemps
les fruits sont bons à manger. C'est au commencement de cette saison qu'on sème le concombre
tardif, sur une couche ou dans des fosses abritées,
et garnies de fumier et de terreau ; on en sème
encore deux mois plus tard et même vers le milieu

de l'été. Le concombre à cornichon se sème en pleine terre à la fin de mai ; on commence à couper les fruits en septembre. La culture ordinaire fournit des concombres pendant cinq mois à-peu-près ; sous le châssis un peu plus longtemps.

## COURGE.

COURGE, s. f., *cucurbita*, Linn. Genre de plantes à fleurs monoïques de la famille des cucurbitacées, Juss., et de la monoécie monadelphie, Linn., dont les principaux caractères sont les suivans : Calice monophylle, campanulé, à cinq dents, dont le tube est soudé avec la base de la corolle ; corolle monopétale, adnée au calice, campanulée, à cinq divisions aiguës ; une cavité particulière au centre de la fleur, en partie recouverte par la base des étamines ; trois étamines à filamens libres à leur base, réunis à leur sommet ; les anthères adhérentes entr'elles ; dans les fleurs femelles, le calice et la corolle comme dans les fleurs mâles ; dans le fond de la fleur une cavité orbiculaire, à bord saillant, à cinq petites dents fort courtes ; un ovaire inférieur assez gros, chargé d'un style court, cylindrique, trifide à son sommet ; une grosse baie ou pomme charnue, succulente, divisée intérieurement en trois ou cinq loges par des cloisons molles et membraneuses, renfermant des semences nombreuses, aplaties, elliptiques ou oblongues, et entourées d'un rebord particulier très-sensible.

Les courges sont des plantes herbacées, annuelles, quoiqu'elles soient des plantes très-faibles
et qu'elles produisent les plus gros fruits connus.
Elles sont originaires des climats brûlans des
Indes et de l'Amérique ; on les cultive également
dans les autres contrées de l'Europe. Rien de plus
varié que les espèces de ce genre. Ces plantes,
soumises à la culture depuis très-long-temps,
ont tellement perdu les traits de leur caractère originaire, qu'il est très-difficile d'assigner les li-
mites qui séparent l'espèce et la variété ; rien
n'est constant ni dans la forme des fruits, ni
dans les découpures des feuilles, ni dans les dispositions des branches tendant à s'élever ou à
ramper : les vrilles quelquefois se convertissent en
feuilles, quelquefois aussi elles disparaissent entièrement ; elles sont chargées sur toutes leurs parties de poils jaunâtres, excepté sur les fruits. M. Duchesne de Versailles, qui a cultivé pendant plusieurs
années les plantes de ce genre pour en suivre les
différentes races et variétés, nous a laissé le travail
le plus complet qui ait été donné jusqu'alors sur
ce genre intéressant, et dont je présente ici l'ana-
lyse. Cet auteur a établi la différence des espèces
particulièrement sur la forme et la couleur des
fleurs, sur la figure des semences. Il trouve qu'on
peut reconnaître quatre ou cinq espèces distinc-
tes, et les rapporter à trois sections, subdivisées
dans leurs races principales, ainsi qu'il suit.

*Section première.* — Fleurs blanches, très-
ouvertes ; feuilles presque rondes ; semences

6

échancrées au sommet et de couleur grise.

COURGE-CALEBASSE, courge à fleurs blanches,
*cucurbita leucantha*, Duch. Cette espèce se reconnaît, même dans toutes ses variétés, par ses
feuilles presque rondes, molles, lanugineuses, d'un
vert pâle, légèrement gluantes et odorantes.
Ses fleurs sont blanches, fort évasées, presque en
étoile ou en roue comme celles de la bourrache.
Ses semences ont la peau plus épaisse que l'aman-
de, leur bourrelet est échancré par le haut et par le
bas, ne formant que des appendices qui donnent
à ces semences une figure carrée. Dans les variétés
la pulpe du fruit devient spongieuse, blanche d'a-
bord, d'un vert pâle ensuite, et d'un jaune sale
dans la maturité. On y distingue les trois variétés
suivantes :

1°. La CONGOURDE, gourde des pèlerins, *cucurbita lagenaria*, J. Bauh. Cette variété a son fruit
en forme de bouteille ; souvent la partie voisine
du pédoncule est elle-même renflée, imitant en
plus petit la figure du ventre, dont elle n'est séparée
que par un étranglement. Les fruits sont souvent
marqués de taches foncées.

2°. La GOURDE proprement dite, *cucurbita latior*,
J. Bauh. C'est une calebasse à coque dure et à gros
fruits renflés, point ou presque point étranglés ni
allongés. Les nageurs novices en font usage pour
se soutenir à la surface de l'eau en s'attachant à
chaque aisselle un de ces fruits secs et vides.

3°. La TROMPETTE, ou courge trompette, *cucurbita longa*, J. Bauh. Cette variété se reconnaît

à ses fruits allongés : s'ils restent à terre, ils se courbent souvent en forme de faux ou de croissant, ou même se renflent par les deux bouts en forme de pilon : ils varient en grosseur ; les plus gros ont la coque plus tendre, et la pulpe un peu plus charnue. On les mange en Amérique et dans les parties méridionales de l'Europe ; mais il faut alors les cueillir bien avant leur parfaite maturité. Lorsque ces fruits sont secs, les nègres, en les creusant, en font une sorte d'instrument de musique, dont ils tirent le son en frappant dessus l'ouverture avec la paume de la main, comme sur un cornet à jouer aux dés.

*Usages.* — Il paraît que les calebasses ont été connues des anciens. Les voyageurs en ont trouvé dans l'Amérique méridionale, ainsi qu'à Amboine et dans d'autres contrées de l'Inde, et c'est depuis ce temps que le nombre de leurs espèces s'est multiplié. Quand leurs fruits sont bien secs, leur écorce est presque ligneuse ; on les vide et l'on en fait des bouteilles et divers ustensiles commodes, dont se servent les voyageurs et les pauvres gens. Les jardiniers font usage des plus petites pour serrer diverses graines, qui s'y conservent très-bien.

*Culture.* — Dans les parties méridionales de la France, les calebasses n'exigent qu'un terrain léger et amendé. A Paris, il est nécessaire de hâter leur végétation, en les semant dans le courant de mars, sur couche et sous cloche, et dans des petits pots à semer, pour être dispensé, lors de la replantation, de les garantir du soleil. On doit les placer dans des expositions chaudes, et ne pas épargner le fumier. Aussi les met-on volontiers le long des enceintes des couches. Ces plantes grimpent facilement, et le fruit réussit beaucoup mieux suspendu que portant par terre.

*Section seconde.* — Fleurs jaunes, en entonnoir ; semences ovales, de couleur blanche.

Courge melonnée, *cucurbita moschata*, Duch. Cette espèce, très-difficile à circonscrire, se divise en plusieurs variétés trop peu observées pour les bien déterminer. M. de Chanvalon est le premier qui, dans son voyage de la Martinique, ait parlé de cette plante. M. Duchesne la regarde comme une espèce distincte du pepon ; M. de Lamarck l'y réunit, n'y trouvant pas de différences suffisantes. On peut cependant en indiquer deux, savoir : dans la fleur le rétrécissement du bas du calice ; dans les feuilles, leur mollesse et leur duvet doux et serré. Elle tient de la calebasse par ses fleurs blanches en dehors, par l'allongement des pointes vertes extérieures du calice, par la saveur musquée de son fruit. Les feuilles ressemblent à celles des pepons ; elles sont anguleuses ou découpées. Le fruit est le plus souvent aplati, sphérique ou ovale ; la couleur de sa pulpe varie depuis le jaune soufré le plus pâle jusqu'au rouge orangé.

*Culture et usages.* — On cultive cette plante comme les calebasses. Malgré son nom de citrouille musquée, elle ne fournit qu'un fruit médiocre qu'on mange rarement cru : cependant on en fait quelque cas dans les départemens méridionaux de la France, en Italie et dans les îles de l'Amérique; la finesse de leur chair et leur bon goût les font préférer à la plupart des giraumonts.

COURGE A GROS FRUIT, *cucurbita pepo*, Linn. Cette espèce se distingue du pepon, par ses fleurs plus évasées, plus élargies dans le fond du calice. Ses feuilles sont très-amples, en cœur, arrondies, assez nombreuses, couvertes de poils sans presque de raideur. Ses fruits sont très-gros, de forme sphérique, aplatie, à côtes régulières avec des renfoncemens considérables au sommet et à la base. Sa pulpe est fort juteuse, fondante; sa peau est fine. Ses principales variétés sont:

Le potiron jaune commun; c'est le plus gros et le plus creux : il s'en trouve fréquemment du poids de trente à quarante livres, et même de soixante. La couleur de sa pulpe est d'un beau jaune; plus ce jaune est vif, meilleure elle se trouve au goût : la nuance extérieure du jaune est toujours un peu rougeâtre; souvent il existe une bande blanchâtre dans le fond des sillons entre les côtes.

Le potiron vert : ce vert est toujours grisâtre, quelquefois ardoisé, avec des bandes blanches : sa chair varie de couleur. En général, les potirons verts ou potirons un peu moins gros, sont estimés les meilleurs; ils se gardent plus long-temps.

Le petit potiron vert. Sous-variété du précédent, qui est recherché parce que son fruit, plus

6.

ou moins aqueux, se conserve plusieurs semaines de plus, et reste bon à manger jusqu'à la fin de mars.

*Usages.* — Les potirons sont plus délicats que les citrouilles, moins que les courges melonnées et les pastèques. On en fait, avec le lait, des soupes très-agréables : d'habiles cuisiniers ont aussi trouvé le moyen d'en faire des crêmes, des pâtes, et autres entremets délicats; mais ils préfèrent les giraumonts.

*Culture.* — Les potirons n'exigent pour leur culture de soins que dans le printemps. C'est au commencement de mars, si l'on veut récolter de bonne heure, ou à la fin d'avril si l'on préfère les fruits de garde, qu'il faut les semer dans des trous remplis de fumier, recouverts de terreau, les arroser fréquemment et les couvrir de cloches jusqu'à la fin des temps rigoureux. Quand le fruit paraît, il faut placer dessous, pour les préserver de l'humidité, une tuile, ou un platras ou une pierre plate inclinée : les potirons étant cueillis, il convient de les laisser quelques jours au soleil, puis de les serrer dans un endroit sec, aéré, mais à l'abri de la gelée et de l'humidité.

Courge pepon, pepon polymorphe, *cucurbita polymorpha*, Duch. Cette espèce est tellement variable dans la figure de toutes ses parties, qu'elle est difficile à bien caractériser. La grandeur de ses fleurs, leur forme régulièrement conique, la direction oblique ou presque droite et jamais horizontale de ses feuilles, leur couleur brune, leur âpreté, voilà tout ce qu'on peut observer de commun entre les nombreuses variétés que fournit cette espèce. Avant de les mentionner, il ne sera pas inutile d'exposer ici, d'après M. Duchesne, quelques observations, qui sans être générales, sont du moins communes au plus grand nombre de variétés.

1°. Les fruits dont le vert est le plus noir, sont ceux qui, en mûrissant, acquièrent la nuance la plus foncée.

2°. Le soleil, au lieu de colorer l'épiderme de ces fruits, le pâlit.

3°. La privation de la lumière, causée par le contact de la terre, blanchit le dessous; alors le pourtour de cette tache reste très-long-temps vert, aussi-bien que les bords des parties blessées.

4°. Les pepons panachés le sont principalement dans le milieu; le côté de la tête, c'est-à-dire de la fleur, conserve une sertissure verte, toujours plus grande que celle du côté du pédoncule.

5°. Ces parties vertes, quelquefois unies par une bande, forment toujours des pointes, comme pour se rapprocher, et ces pointes sont prolongées sur les cloisons des graines.

6°. Les parties panachées sont toujours plus minces, quelquefois d'une manière sensible.

7°. Outre les grandes pointes qui sont en rapport avec l'intérieur du fruit, on en voit de moindres marquer le passage des fibres principales qui passent du pédoncule au calice de la fleur : c'est en rapport avec ces nervures que se trouvent les bandes colorées, ce qui en établit ordinairement cinq principales entre cinq autres moins fortes.

8°. Les bandes sont indifféremment pâles sur foncé, ou sur pâle ; quelques-unes mêmes se trouvent pâles au milieu, et foncées aux deux extrémités ; enfin, dans quelques autres, elles restent d'abord pâles, même lactées, tandis que le fond est verdâtre, puis devient d'un vert noir lorsque le fruit jaunit.

9°. Les bandes morcelées forment des mouchetures, plus ou moins grandes et agrégées de diverses manières, mais quadrangulaires et non arrondies, ni étoilées comme celles des diverses pastèques.

10°. A ces mêmes bandes répondent des côtes proéminentes et des cornes très-saillantes, dans les variétés contractées du pastisson qui ont d'abord la peau très-fine, très-mince et très-lisse.

11°. Une autre inégalité d'accroissement dans les giraumonts à peau fine et à chair aqueuse, y forme des ondes.

12°. Les pepons à peau ou à coque épaisse, particulièrement les barbarines, au lieu d'ondes, sont sujets à des bosselures nommées vulgairement *verrues*, qui sont si sensiblement l'effet d'une maladie, que ceux qui en sont entièrement couverts, ont rarement de bonnes graines.

13°. Enfin la peau des pepons est susceptible de ces gerçures exsudantes qui forment la bordure dans les melons ; mais cet accident est peu commun, et souvent par places.

Les races ou variétés des pepons polymorphes sont :

1°. L'Origan et les Coloquinelles, vulgairement les fausses oranges et les fausses coloquintes, *curcurbita colocyntha*, Duch. Ses feuilles sont médiocrement découpées, d'une longueur égale à celle de leur pétiole. Les fleurs mâles et femelles également distribuées sur toute la plante qui en acquiert une grande fécondité. Le fruit est de forme sphérique, d'un diamètre seulement du double de celui de la fleur, à trois loges régulières ; les semences sont nombreuses, assez grosses, la pulpe est jaune, fibreuse, un peu amère, se desséchant facilement et acquiérant alors une odeur un peu musquée : la peau forme une coque solide d'un vert noir dans sa fraîcheur, et dans sa maturité d'un jaune orangé très-vif : tels sont les orangins. Dans les coloquinelles la peau est plus mince, plus panachée, à bandes claires ; la pulpe assez mince et sèche.

2°. La Cougourdette, vulgairement Fausse-Poire, *cucurbita pyridas*, Duch. Ses feuilles sont un peu plus découpées, et l'ensemble de la plante est communément plus grêle que dans l'orangin. Ses fleurs sont les plus petites de toutes, aussi bien que les graines dont la forme est très-allongée. Le fruit est ovale en forme de poire, la coque épaisse et solide. La pulpe fraîche d'abord, ensuite fibreuse et friable, très-blanche. La peau d'un vert brun, marquée de bandes et de mouchetures d'un blanc de lait.

*Usages.* — Les cougourdettes servent de parure dans les orangeries, ainsi que sur les cheminées ; en les creusant, on en fait des vases très-agréables.

3°. La Barbarine, *cucurbita verrucosa*, Linn. Les fruits, ordinairement plus gros et aussi durs que les précédens, ont une grande disposition aux bosselures, ce qui semble analogue au défaut de couleur de ces fruits, qui sont la plupart entièrement jaunes ou panachés, quelquefois marqués de bandes vertes. Leur forme et leur grosseur varient beaucoup. On en voit d'orbiculaires, de sphériques, d'ovales, d'allongés en concombre.

*Culture et usages.* — Les barbarines n'exigent pas plus de soin que les potirons ; elles produisent beaucoup et réussissent surtout très-bien quand elles trouvent à grimper ; mais il n'y a rien d'ailleurs à manger que les fruits, et c'est dans leur jeunesse qu'il faut les prendre. Ils sont meilleurs frits que de tout autre manière. Il s'en trouve de bons à peau blanche et à pulpe très-aqueuse qui peuvent se manger en salade, comme les concombres.

4°. Le Turbané, vulgairement le Pepon Turban, *cucurbita piliformis*, Duch. Cette variété tient beaucoup de la nature des barbarines ; mais la forme particulière de son fruit la rend très-remarquable. Leur partie inférieure fort large est légèrement sillonnée ; mais ces côtes s'arrêtent vers le

milieu, et au-dessus de la contraction formée en cet
endroit on ne voit plus que quatre cornes correspon-
dantes aux quatre loges du fruit : les mouchetures
sont également interrompues, de manière qu'elles
ne se répondent point ; il semble que la moitié supérieure soit un fruit différent et beaucoup moindre,
qu'on aurait pris plaisir à faire entrer dans le gros ;
enfin , ces deux moitiés sont séparées par un
cordon de petites verrues grises qui se touchent
sans intervalle, et qui, au-dedans de la coque, répondent à une augmentation d'épaisseur fort remarquable. Cette coque est d'ailleurs solide comme
celle des barbarines, et la pulpe du fruit est assez
sèche et fort colorée.

*Culture.* — Le pepon turbané vient facilement,
cultivé comme les potirons; on fait profiter les
fruits, en retranchant les branches surabondantes :
ils sont toujours plus beaux lorsqu'ils pendent , et
sont fort bons à manger , quoique la pulpe en
soit fort douce et d'un jaune assez foncé.

5°. Les CITROUILLES et les GIRAUMONTS, *cucurbita
pepo*, Linn. Sans les intermédiaires et les féconda-
tions métisses, il serait sans doute difficile de soup-
çonner les petits pepons, tels que les coloquinelles
ou des cougourdettes, de même espèce que nos citrouilles ou nos gros giraumonts : et si, au contraire,
ces énormes différences ne se rencontraient pas
entre les races diverses des pepons, les citrouilles
pourraient bien être distinguées des giraumonts;
ces derniers ayant une pulpe ordinairement plus

pâle et toujours plus fine, et aussi les feuilles plus profondément découpées, tandis que celles des citrouilles ne sont souvent qu'anguleuses. Les variétés principales, sont :

1°. La citrouille verte, à peau fort tendre, fort luisante, la chair colorée quelquefois jaune. Sa forme est ovale, ou plutôt cylindrique, arrondie par les deux bouts.

2°. La citrouille grise ou vert-pâle, de forme ovale un peu en poire.

3°. La citrouille blanche ou sans couleur; si molle que son poids altère sa forme qui est naturellement en poire.

4°. La citrouille jaune, également arrondie à ses deux bouts; la plus répandue à Paris avant que le potiron l'ait fait abandonner.

5°. Le giraumont vert bosselé, énorme en grosseur, et égal à ses deux bouts comme les citrouilles.

6°. Le giraumont noir, réfléchi ou effilé du côté de la queue, quelquefois du côté de la tête; peau fort lisse, pulpe ferme. Il y en a de panachés en jaune.

7°. Le gros giraumont rond, peu constant en cette forme, mais qui a probablement porté le premier le nom de giraumont, rocher roulant.

8°. Le giraumont moyen, à bandes et mouchetures, nommé communément concombre de Malte ou de Barbarie, et par d'autres, citrouille iroquoise; assez varié en formes, en nuances de vert et de jaune, et en mouchetures.

9°. Les giraumonts blancs ou d'un vert pâle, appelés aussi concombres d'hiver, qu'on peut regarder comme les plus dégénérés de l'espèce primitive.

10°. Les giraumonts vert tendre, à bandes, et à mouchetures, soit pâles, soit foncées.

*Usages.* — Les citrouilles se mangent, comme les potirons, cuites et fricassées, ou en soupe au lait : il est nécessaire de mettre en coulis toutes celles dont la chair est un peu grossière. On a vu autrefois, à Paris, un boulanger célèbre par ses pains mollets à la citrouille. Les giraumonts qui ont la chair plus blanche et plus fine, s'apprêtent comme les concombres, coupés en morceaux. En général les giraumonts vert pâle sont les plus délicats à manger.

*Culture.* — Le fumier, plus ou moins consommé, est l'aliment des citrouilles et des giraumonts. A la campagne on fait assez communément courir les citrouilles sur les tas de fumier, qui ne se consomme que mieux tout en les alimentant. Dans les terrains bien amendés de nos potagers, il suffit, pour la culture des giraumonts, de les planter dans des trous remplis de terreau, comme les cardons, soit qu'on les y élève, soit qu'on les y transporte après les avoir semés sur couche, et pour le mieux dans des petits pots, ce qui empêche la replantation de les fatiguer. Il est presque nécessaire d'arrêter la pousse directe en coupant chaque branche deux ou trois yeux au-dessus du premier fruit noué, ou du second si deux se trouvaient près l'un de l'autre; sans

7

cela, ils tomberaient bientôt, car ce sont les plus éloignés qui nouent, pour tomber à leur tour, la sève se portant toujours à l'extrémité, de telle sorte qu'il n'en reste que des plus tardifs, et quelquefois point du tout. On doit supprimer toutes les branches latérales, et on leur fait grand bien en fixant les branches de place en place avec une ou deux bêchées de terre : on évite par-là que le vent ne fasse verser, ce qui fatigue surtout en les empêchant de prendre racine par quelques nœuds ; ces racines surnuméraires contribuent beaucoup à la grosseur du fruit ; cependant ils réussissent bien sans cela et n'en sont que plus de garde. Il est bien essentiel, en transportant les giraumonts et les citrouilles dans la serre, de prendre garde de heurter la queue : c'est communément à sa jonction avec le fruit que se déclare le moisi, et bientôt la pourriture gagne rapidement tout le reste.

6°. Le Pastisson, *cucurbita melo-pepo*, Duch. La forme du pastisson, ses nombreuses variétés, qui se perpétuent depuis plusieurs siècles par le plaisir que l'on prend à ressemer les fruits les plus régulièrement déformés, offrent un phénomène très-curieux en botanique. Ces fruits ont, en général, la peau fine comme les coloquinelles, mais ordinairement plus molle ; la pulpe plus ferme, blanche et assez sèche, ce qui fait qu'ils se gardent fort long-temps, quoiqu'ils perdent très-facilement leur queue : ils se divisent intérieurement en quatre et cinq loges  Quant à la forme, il s'en

trouve quelquefois de ronds, de pyriformes, ou
turbinés, mais plus souvent dans les races
franches, comme s'ils étaient serrés par les nervures du calice, la pulpe se boursoufle, s'échappe
dans les interstices, formant tantôt dix côtes dans
toute la longueur, seulement plus élevées vers le
milieu; tantôt des proéminences dirigées vers la tête
ou vers la queue, qu'elles entourent en couronne.
D'autres fois aussi le fruit se trouve étranglé par le
milieu, et renfle aussitôt en un large chapiteau,
comme dans un champignon qui n'est pas épanoui;
ou même enfin, il est entièrement aplati en bou-
clier, quelquefois godronné inégalement, quelquefois régulièrement. Cette dernière forme, la plus
éloignée de la nature, est au reste la plus rare de
toutes, et aussi celle qui se reproduit le moins constamment. Une partie des graines contenues dans
ces fruits contractés, sont elles-mêmes bossues;
toutes sont fort courtes et presque de forme ronde,
suivant la proportion qui s'observe en général
dans les pepons, dont les fruits les plus longs ont
aussi les graines les plus allongées. La même contraction affecte la plante dès le commencement
de sa végétation : ses rameaux, plus fermes par le
rapprochement considérable des nœuds, au lieu
de ramper mollement, s'élancent verticalement
jusqu'à ce que le poids des fruits les abatte ; ce à
quoi concourt le grand allongement des pédoncules des fleurs mâles, des pétioles des feuilles, et
la figure de ces mêmes feuilles. Enfin les vrilles

toujours fort petites, lorsqu'il y en a, se trouvent quelquefois changées en petites feuilles à pétiole tortillé, dont la pointe se prolonge en une petite vrille, qui n'existe cependant pas toujours.

Les pastissons babarins sont des pepons qui s'allongent moins que les autres, et dont les fruits médiocres et allongés ont des bosselures et une peau jaune.

Les pastissons giraumonts sont cultivés, chez les curieux, sous les noms de concombre de carême, de potiron d'Espagne, et sous celui de sept-en-toise, nom plaisant, mais exact, en ce qu'il peint la fécondité et la végétation resserrée des pastissons. Quelques-uns sont si serrés que les fruits en demeurent défectueux, d'autres s'allongent et leurs fruits prennent diverses figures et varient de grosseur. Dans leur état de perfection, ils sont comme de médiocres giraumonts, de vingt-quatre à trente pouces de long, en massue, et peints de belles bandes d'un vert gai, sur un fond d'un jaune pâle, un peu verdâtre; la pulpe est fort blanche, d'un grain fin, et se conserve bien plus délicate qu'aucun giraumont.

*Culture et usages.* — La végétation des pastissons étant plus resserrée que celle des giraumonts, les fruits sont plus sujets à mal nouer, si on ne les place pas à une bonne exposition : au reste, leur culture exige moins de peine, leurs dispositions dispensant de fixer leurs branches et même de les tailler. Ces fruits se gardent communément tout l'hiver, et sont bons à manger jusqu'en février et mars : c'est en friture qu'ils réussissent le mieux, ce qui leur a fait donner le nom d'artichauts.

COURGE PASTÈQUE, ou COURGE LACINIÉE, *cucurbita anguria*, Duch., vulgairement le melon d'eau. Cette espèce se distingue par ses feuilles très-profondément laciniées, placées dans une direction verticale, et d'une consistance ferme et cassante; par son fruit orbiculaire, ou ovale, lisse, moucheté de taches étoilées; par sa pulpe souvent rougâtre; par ses semences noires ou rouges. Le nom de pastèque est réservé aux variétés dont le fruit plus ferme ne se mange que confit ou fricassé, et l'on donne celui de melon d'eau aux variétés dont le fruit est fondant, que l'on mange cru comme le melon, qui se résout dans la bouche en une eau d'un goût sucré, agréable et très-rafraîchissante.

ÉCHALOTTE, *Voyez* AIL.

## ÉPINARD.

ÉPINARD, s. m., *spinacia*, Linn. Genre de plantes de la famille des atriplicées, Juss., et de la dioécie pentandrie, Linn., dont les fleurs mâles et les fleurs femelles sont séparées sur des individus différens. Chaque fleur mâle est composée d'un calice à cinq découpures et de cinq étamines à filamens plus longs que le calice, portant des anthères didymes. Les fleurs femelles ont un calice mono-phylle, à quatre divisions, dont deux opposées plus petites et un ovaire supérieur arrondi, comprimé, surmonté de quatre styles qui se changent en une graine enveloppée dans le calice persistant et endurci.

Les épinards sont des plantes herbacées , à feuilles alternes et à fleurs axillaires d'une couleur herbacée ; on en connaît aujourd'hui deux espèces, dont la suivante est la seule cultivée.

ÉPINARD POTAGER, *spinacia oleracca* , Linn. Sa racine est fusiforme , allongée , blanchâtre ; sa tige est dressée , simple , cylindrique , glabre, haute d'un pied à un pied et demi. Ses feuilles sont pétiolées, molles , sagittées, les inférieures sont entières, les supérieures offrent à leur base quatre divisions étroites et aiguës. Ses fleurs sont petites, verdâtres, ramassées plusieurs ensemble par petits paquets, sessiles ou pédonculées dans les aisselles des feuilles supérieures : il succède aux femelles des fruits sessiles ; munis chacun de deux ou quatre petites pointes fort remarquables. L'épinard potager est originaire de la Perse, il a produit par la culture plusieurs variétés, dont les principales sont :

L'épinard à petites feuilles.

L'épinard à longues feuilles.

L'épinard à graines rondes et à petites feuilles.

L'épinard à graines rondes et à larges feuilles, ou épinard de Hollande.

*Usages et propriétés* — On cultive les épinards dans les jardins potagers, à cause de l'usage fréquent qu'on en fait dans la cuisine ; on les mange en France cuits, assaisonnés de diverses manières ;

dans d'autres pays on les préfère crus et en salade ; on ne mange alors que leurs jeunes feuilles
lorsqu'elles viennent de naître. Les épinards sont
peu nourrissans, mais ils sont sains et agréables ;
ils ont en général la propriété de relâcher le ventre, ce qui a fait dire vulgairement qu'ils étaient
le balai de l'estomac. Sous ce rapport ils peuvent
être utiles aux personnes habituellement con-
stipées ; mais celles qui ont l'estomac délicat ne
doivent en user que très-rarement et avec beaucoup de modération.

*Culture.* — En semant les épinards dans les différentes saisons, on pourrait s'en procurer presque toute l'année ; mais on ne les cultive générale-
lement que pendant l'automne et l'hiver, parce
qu'ils ont l'inconvénient de monter trop promte-
ment pendant les chaleurs de l'été, et on ne
sème guère que depuis la mi-août jusqu'au commencement de février. Il faut aux épinards une
terre bien labourée, et surtout bien fumée ;
celle qui est un peu fraîche leur convient beaucoup. On sème ordinairement la graine en rayons,
espacés de six pouces les uns des autres, et on
l'enterre de six à huit lignes : quelques jours suffisent pour faire lever le semis d'épinard commun, tandis que pour celui d'épinard de Hollande il faut quelquefois trois semaines, et
pendant les temps secs celui-ci demande à être
fréquemment arrosé. Pour ménager ses récoltes,
il faut prendre la peine de cueillir les feuilles une
a une, et seulement celles qui ont acquis tout leur

développement. Par cette pratique un peu longue à la vérité on fait durer le semis pendant les six mois de l'automne et de l'hiver; tandis que lorsqu'on coupe à la poignée, cela empêche souvent la plante de repousser.

On récolte la graine d'épinards sur une planche qu'on a le soin de semer pendant l'hiver, et qui est ordinairement destinée à cet objet. Lorsque la fleur est passée et que les pieds mâles ont fécondé les femelles, on arrache les premiers pour ne conserver que les seconds, dont on soutient les tiges, pour les empêcher de verser, en les attachant avec des brins de paille à des perches soutenues parallèlement à un pied de terre. L'épinard de Hollande surtout, à cause de la longueur et du nombre de ses feuilles, demande qu'on prenne cette dernière précaution un peu avant que les graines soient parfaitement mûres; et lorsqu'elles ont commencé à jaunir, on coupe avec la serpette les tiges, on les met sur des draps à l'ombre pour qu'elles achèvent ainsi de mûrir. Ces graines, déposées dans un local ni trop sec, ni trop humide, peuvent conserver pendant trois ans leur faculté germinative.

# FÈVE.

FÈVE, s. f., *faba*, Tournef. Genre de plantes de la famille des légumineuses, Juss., et de la diadelphie décandrie, Linn., dont les principaux caractères sont les suivans: calice monophylle, à cinq di-

visions profondes; corolles papilionacées, à cinq
pétales, dont l'étendard est échancré en cœur,
beaucoup plus long que les ailes et la carène; dix
étamines diadelphes; un ovaire supérieur, allongé, comprimé, surmonté d'un style court; une
gousse coriace, un peu renflée, contenant des semences allongées, ayant l'ombilic placé à leur extrémité la plus renflée.

L'espèce suivante constitue seule ce genre.

FÈVE DE MARAIS, *faba vulgaris*, Decand. Sa racine est annuelle, pivotante, fibreuse et garnie de
quelques tubercules. Sa tige est quadrangulaire,
fistuleuse, haute de deux à trois pieds. Ses feuilles
sont ailées, composées de quatre à six folioles
ovales - oblongues, un peu épaisses, glabres et
glauques. Ses fleurs blanches et tachées de noir, sont
portées deux ensemble sur un court pédoncule.
Cette plante, qui est aujourd'hui naturalisée, est
originaire de la Perse et des environs de la mer
Caspienne; elle a produit par la culture plusieurs
variétés, dont les plus connues et les plus remarquables sont les suivantes :

La féverole ou fève de cheval, ou fève des
champs, ou grosse gourgane : c'est la plus petite, la
plus tardive et la plus abondante. Ses fruits sont presque cylindriques, âpres et durs. On ne la cultive en
plein champ que pour la nourriture des bestiaux
et pour servir d'engrais.

La fève naine hâtive, introduite depuis peu
d'années de la côte d'Afrique : sa tige, qui s'élève
peu, est très-branchue et produit beaucoup.

La fève julienne : c'est la plus commune, et elle
est un peu plus grande que la précédente, qu'elle
suit immédiatement pour l'époque de la maturité.

La fève verte, dont les fruits restent toujours de
cette couleur : elle ressemble à la précédente par
la grandeur de sa tige et son produit ; mais elle est
un peu plus tardive.

La fève à longue cosse, qui se distingue par la
longueur et le grand nombre de ses cosses ; elle est
nn peu tardive et s'élève un peu plus que la précédente.

La fève de marais ordinaire, celle que l'on cultive le plus généralement.

La grosse fève de Windsor, la plus forte de toutes,
mais peu productive. Ses semences sont larges et
presque arrondies.

*Usages.* — Dans quelques endroits on mange
les jeunes pousses et les jeunes feuilles des fèves en
guise d'épinards ; quelquefois aussi on mange leurs
jeunes gousses entières ; mais généralement ce sont
les graines que l'on emploie plus particulièrement
comme aliment. Les fèves sont d'autant plus tendres
et plus délicates qu'elles sont plus petites ; aussi,
chez les personnes aisées, on ne les mange guère
que lorsqu'elles n'ont acquis encore que le quart
ou tout au plus le tiers de leur grosseur. De cette
manière elles forment un bon aliment, et on les
sert sur les meilleures tables. Lorsqu'elles ont pris
tout leur accroissement elles deviennent plus difficiles à digérer, à cause de leur peau qui est très-
dure et coriace : aussi est-on alors généralement

dans l'usage de la leur enlever avant de les faire cuire. Sèches, elles sont dures et coriaces, et il n'y a guère que les paysans et le peuple de la basse classe qui en fassent usage. La meilleure manière de les apprêter alors est d'en faire des purées.

Les fèves réduites en farine à l'aide d'une meule ne peuvent seules faire du pain; mais elles entrent facilement pour un cinquième dans celui de froment qu'elles détériorent toujours. En Allemagne on torréfie les féveroles pour en faire du café et du chocolat, ou du moins des boissons qui en ont l'apparence.

On distille les fleurs de fève et on se sert de leur eau comme cosmétique propre à décrasser et à adoucir la peau.

Les fanes de fèves servent à chauffer le four ou à augmenter la masse des fumiers; il ne faut jamais les laisser sans emploi, comme cela ne se fait que trop souvent : car toute perte, quelque peu considérable qu'elle soit, est toujours blâmable.

*Culture.* — On cultive les fèves de deux manières, c'est-à-dire, en petit et en grand.

Culture en petit. — Les fèves demandent en général une terre substantielle, amendée et bien divisée par plusieurs labours. Le temps le plus convenable pour les semer dans les jardins potagers, est depuis la fin de janvier jusqu'à la fin d'avril; on les place ordinairement par touffe en laissant d'une touffe à l'autre un espace de quatre à cinq pouces. Lorsque les plantes ont acquis quelques pouces de hauteur, il est bon de les serfouir et de butter la terre autour du pied. On doit répéter ce petit labour plusieurs fois jusqu'au temps de la floraison de la plante.

*Culture en grand.* — Dans diverses parties du midi et dans presque tout le nord de la France, on trouve de grandes cultures de fèves de marais; elles devraient être plus cultivées qu'elles ne le sont dans les régions du centre.

A la fin de l'été ou en automne, on donne au terrain où l'on désire mettre des fèves deux labours à peu de distance l'un de l'autre. Le premier doit être le plus profond possible; le second par lequel on enterre le fumier lorsque l'on croit l'engrais nécessaire, sera plus favorable en donnant aux sillons une direction qui croise les premiers. Lorsqu'on n'a plus rien à craindre de l'effet des gelées, on donne une troisième façon qui doit servir à l'ensemencement. La saison la plus convenable aux grands semis est depuis la fin de février jusqu'au quinze mai. Quelques cultivateurs sèment à la volée et enterrent les fèves par le dernier labour; d'autres sèment à distance inégale dans les sillons et en laissent quelquefois un vacant entre les rangs, afin de leur donner plus d'espace. Mais ces méthodes ne sont pas les meilleures; il est infiniment plus avantageux d'espacer les rangs de fèves de deux pieds au moins, les plantes en deviennent plus fortes, plus branchues, elles fructifient davantage, il y a de l'économie dans la semence, et les façons que l'on peut donner avec l'araire ou avec la houe à cheval sont moins coûteuses et

disposent favorablement le terrain pour les récoltes suivantes.

Pour semer de la manière la plus convenable,
une personne chargée d'un panier garni de fèves
suit le laboureur et laisse tomber ou place dans
le sillon, près de la terre renversée, des fèves à
trois ou quatre pouces de distance, suivant la
grosseur de la variété, et continue ainsi jusqu'au
bout du champ. On trace le second et le troisième
sillons sans y mettre de semence, et on propor-
tionne leur largeur pour former l'intervalle convenable; le quatrième se garnit, et on continue de
même.

Quelquefois on met deux fèves ensemble, mais
cette précaution est superflue lorsque la terre est
bien ameublie et que le temps paraît favorable à la
germination. Si on pratiquait cette méthode, il faudrait arracher le plus faible des plants, dans le
cas où les deux fèves auraient germé.

Environ quinze jours après la levée des plantes,
on bine avec la petite charrue dite du cultivateur.
Au bout de quelque temps on renouvelle cette
opération, et on donne une troisième et dernière
façon après un même espace de temps. Dans ces
binages il faut toujours avoir l'attention de retourner la terre contre les plantes. Cette opération qui
rechausse ou butte, assure leur prospérité et pro-
met une récolte abondante.

*Récolte et conservation.* — Lorsque les fèves sont
parvenues à leur parfaite maturité, ce qui se reconnaît facilement par les tiges qui se fanent et les cosses

qui prennent une couleur noire, on les coupe rez terre ou on les arrache. On les place par rayons ou javelles et on les retourne pour les faire sécher. Leur dessiccation est un peu lente; il faut autant qu'il est possible, que la récolte s'en fasse par un beau temps. Lorsqu'elles sont sèches on les met en bottes qu'on laisse debout sur le champ pendant quelques jours, si le temps le permet. On les rentre ensuite, et on les place dans un lieu bien sec et aéré, pour les battre au besoin.

## FRAISIER.

FRAISIER, s. m., *fragaria*, Linn. Genre de plantes de la famille des rosacées, Juss., et de l'icosandrie polygynie, Linn., dont les principaux caractères sont les suivans : calice monophylle, persistant, à dix découpures pointues alternativement plus grandes et plus petites; cinq pétales ovales ou arrondis, ouverts, attachés sur le calice ; vingt étamines, environ, ayant leurs filamens plus courts que les pétales, et attachés comme eux sur le calice; ovaires très-nombreux, ramassés en tête sur un réceptacle convexe, munis chacun d'un style latéral à stigmate tronqué ; graines portées sur le réceptacle qui devient succulent, bacciforme, coloré, et qui tombe à la maturité des fruits.

Les fraisiers sont des plantes herbacées, vivaces, peu élevées, venant en touffes, dont les feuilles sont presque toutes radicales, composées ordi-

nairement de trois folioles, portées sur un pétiole
assez long et muni de deux stipules adnées de
chaque côté de sa base, et dont les fleurs sont disposées en bouquet terminal sur des pédoncules
souvent divisés; on en connaît dix espèces.

Fraisier commun, *fragaria vesca*, Linn. Ses racines sont noirâtres et fibreuses; elles produisent
des rejets ou courans qui rampent sur terre et
poussent de nouvelles racines. De chaque nœud
ou racine sortent des tiges grêles, velues, et des
feuilles longuement pétiolées composées de trois
folioles ovales presque soyeuses en dedans, profondément dentées. Ses fleurs sont blanches, pédonculées, et disposées en une sorte de corymbe.
Après la floraison, le réceptacle prend de l'accroissement, acquiert une consistance pulpeuse et succulente, devient une sorte de fruit ordinairement
d'un rouge vermeil, connu sous le nom de fraise.
Cette plante croît naturellement dans les bois tail-
lis et les buissons. Elle a produit plusieurs variétés,
dont les plus remarquables sont :

Le fraisier des Alpes, ou de tous les mois, ou de
toutes saisons.

Le fraisier d'Angleterre, ou fraisier à châssis.

Le fraisier fressant, ou fraisier de Montreuil.

Le fraisier buisson, ou fraisier sans courans.

Le fraisier à feuilles simples, ou fraisier de Versailles.

Le fraisier à fleurs doubles.

Le fraisier de Plimouth, ou fraisier arbrisseau à
fleur verte et à fruit épineux.

*Propriétés et usages.* — Les fraises ont une odeur très-aromatique; elles contiennent de l'acide citrique et de l'acide malique, à peu près en égale quantité ; elles sont tendres, très-salubres et nourrissantes. On rapporte que les habitans de l'Apennin les sèchent pour en faire usage en hiver. En général elles sont rafraîchissantes et diurétiques. Schultz assure qu'elles ont guéri plusieurs personnes affectées d'étisie. Frédéric Hoffmann cite la guérison d'une pthisique opérée par ces fruits. On a des observations de maniaques et de mélancoliques entièrement rétablis par les fraises prises pour toute nourriture durant plusieurs semaines, à la quantité de vingt livres par jour. Le célèbre Linné dit qu'il s'est préservé des retours de la goutte en mangeant tous les ans de grandes quantités de fraises ; mais il est à croire que sa guérison doit être attribuée à une autre cause, car beaucoup de personnes sujettes à cette maladie ont tenté infructueusement d'en prévenir les accès par ce même moyen. On mange ordinairement les fraises avec du sucre et de l'eau, du vin, du lait ou de la crème : il faut éviter les excès, surtout quand l'estomac est affaibli, car elles s'aigrissent aisément dans l'estomac. On remarque aussi que les urines contractent souvent l'odeur des fraises, et lorsqu'on laisse fermenter leur suc, elles donnent du vin dont on peut retirer de l'alcohol; si la fermentation se prolonge trop, il s'aigrit et se corrompt. On recommande de laver les fraises avant de les manger, parce que les crapauds et les serpens, qui en aiment l'odeur,

repairent souvent sous les fraises, et jettent leur
bave sur les fruits. On en fait, avec le sucre, une
boisson qui est fort agréable, et qu'on nomme ba-
varoise à la grecque. L'eau distillée des fraises est,
dit-on, un excellent cosmétique qui efface les
rousseurs et les lentilles du visage : il est permis d'en
douter. Au reste elle est un moyen très-innocent
dont les femmes peuvent user sans crainte, car, si
elle ne produit pas l'effet qu'on en attend, au
moins elle ne saurait faire de mal.

Les feuilles et surtout les racines de fraisier
sont souvent employées en médecine; elles sont
diurétiques et apéritives.

Les chèvres et les moutons mangent assez volontiers les feuilles du fraisier; mais les vaches
s'en accommodent difficilement, et les chevaux
n'en veulent point du tout.

*Culture.* — Plusieurs variétés du fraisier commun se multiplient d'une manière assez constante
par leur graine, pour qu'on puisse employer ce
moyen de propagation, qui produit toujours des
individus d'une végétation plus vigoureuse. Le
fraisier des Alpes est celui dont les jardiniers et les
cultivateurs font le plus habituellement des semis;
mais le fraisier fressant est constamment propagé
par ses courans dans les pépinières. Tous peuvent
se diviser en œilletons comme le fraisier-buisson
qu'on ne peut multiplier d'une manière assurée
que par ce moyen.

On cultive les fraises en planches ou en bordures, et sous châssis; la culture en planches est

principalement celle des cultivateurs en grand, qui
destinent les fruits à être vendus aux marchés des
villes, et surtout de la capitale. On donne de préférence aux planches de fraises l'exposition du
levant, et on les met à l'abri par un mur ou des
paillassons maintenus droits au moyen de piquets
auxquels on les attache.

Dans les petits jardins on plante le plus souvent en bordures; celles-ci exigent beaucoup de
soins, parce que sans cela les courans qui sortent
de chaque pied couvriraient en peu de temps
toutes les plates-bandes voisines. Il faut donc supprimer bien soigneusement tous les rejetons ram-
pans plusieurs fois dans le courant de chaque été,
et en multipliant les binages et arrossemens, ces
bordures donneront de fort bonnes récoltes.

C'est le fraisier d'Angleterre qu'on cultive pour
avoir pendant l'hiver des primeurs. Il se plante en
pot plus tôt ou plus tard, suivant l'époque à laquelle
on veut placer sur couche. Les pieds qu'on y destine
pour l'hiver, se plantent au printemps deux à trois
ensemble dans le même pot, et les vases dans
lesquels on les a placés, s'enterrent à l'ombre et
au nord jusqu'au moment où l'on veut chauffer.
On a soin en outre de ne leur donner que peu
d'eau, et de supprimer toutes les fleurs qui vou-
draient paraître. A l'automne on les dépote en
retranchant une portion de leurs vieilles racines,
et on renouvelle en partie leur terre; après quoi
on les place sous châssis et sur une couche tem-
pérée pour avoir des primeurs. On ne plante ce

fraisier en pot qu'au commencement de l'automne,
et on le tient dans une orangerie, ou en pleine terre ;
mais ayant soin de le couvrir pendant les gelées
jusqu'à ce que ce soit le temps de le placer sur
couche et sous châssis.

FRAISIER CAPERONNIER, *fragaria polymorpha*,
Duch. Cette espèce diffère du fraisier commun par
ses étamines plus longues, par ses ovaires plus
gros et plus rares ; par son fruit adhérent au
calice, dont la peau est moins colorée que ses
graines, et dont la pulpe plus solide, plus juteuse,
ne se fond pas complétement. M. Duchesne divise toutes ses variétés en quatre races principales,
sous les noms de majaufes, breslinges, caperonniers et quoimios.

*Première division.* — Majaufes. — Les majaufes
semblent faire la nuance entre les fraisiers proprement dits et les breslinges. La couleur des feuilles,
leur substance, la petitesse des fruits, leur
pulpe tendre et fondante, et leur couleur d'un
rouge fumé, les rapprochent des fraisiers ; mais ils
tiennent des breslinges par leurs rameaux grêles
et allongés, par la multiplicité et par la disposition des courans, par la longueur des pistils du
calice qui s'ouvrent moins, et se réunissent sur le
fruit ; par l'eau abondante dont est remplie la pulpe.

Les variétés connues dans les majaufes, sont :

Le majaufe de Champagne, ou la fraise vineuse
de Châlons.

Le majaufe de Provence, ou le fraisier de Bar-
gemon, ou la fraise étoile.

*Culture.* — La culture des majaufes ne diffère pas de celle des fraisiers.

*Deuxième division.*—Breslinges.—Les breslinges ont le feuillage d'un vert brun, et d'une substance ferme ; les courans très-abondans ; les fleurs sujettes à couler ; les fruits d'une couleur obscure, les graines rares, très-grosses, la pulpe ferme, mais juteuse et bien parfumée.

Les variétés connues dans les breslinges, sont :

Le breslinge borgne, ou le fraisier coucou, ou le fraisier aveugle des Anglais.

Le breslinge de Versailles, ou la fraise mignonne.

Le breslinge noir, ou d'Angleterre, ou fraise à cinq feuilles.

Le breslinge de Bourgogne, ou la fraisier-marteau.

Le breslinge de Long-Champ, ou fraise du bois de Boulogne.

Le breslinge d'Écosse, ou fraisier vert d'Angleterre.

Le breslinge de Suède, ou fraisier-brugnon.

*Culture.* — Les trois premières variétés ne méritent pas la peine d'être cultivées ; les trois autres peuvent l'être, mais il faut une surveillance continuelle pour la destruction de leurs courans ; le breslinge de Suède ne se trouve plus maintenant dans les jardins.

*Troisième division.*—Caperonniers.—Les caperons font des touffes très-fortes, dont les tiges sont plus longues que les feuilles, leurs fleurs sont communément dioïques, à calices courts, évasés, se roulant sur les pédicules; leurs fruits sont très-gros, à pulpe peu ferme.

Les variétés de cette division sont :

Le caperonnier commun, le caperon, le fraisier haut bois des Anglais.

Le caperonnier-abricot, le caperonnier abricoté, la fraise abricotée.

Le caperonnier-framboise, la fraise-framboise.

Le caperonnier parfait.

*Culture.* — La dernière variété est la plus commode à cultiver, parce qu'elle est hermaphrodite comme les autres fraisiers; mais le caperonnier-framboisier, quoique son fruit soit moins gros que celui du caperonnier parfait, est plus ordinairement préféré, parce qu'il est plus fondant et plus parfumé : le boursoufflement de la pulpe entre les graines, le rend difficile à transporter sans le flétrir. Il se passe même du mâle de sa propre variété quand on le place dans le voisinage du caperonnier parfait. Les pieds des caperonniers doivent être espacés beaucoup plus que ceux des autres fraisiers, et ils ont besoin qu'on soutienne leurs fruits.

*Quatrième division.* — Quoimios. — Les quoimios ont pour caractère commun de grandes dimensions dans presque toutes leurs parties; des feuilles non plissées, de substance ferme, et d'une couleur verte bleuâtre ; des fleurs à six divisions, ou souvent plus; un calice très-grand, très-évasé, se refermant sur le fruit, dont la pulpe est légère et juteuse. Ces plantes sont originaires de l'Amérique. Les variétés de cette dernière division sont :

Le quoimio de Virginie, la fraise écarlate de Virginie, ou du Canada.

Le frutiller, ou le fraisier du Chili.

Le quoimio de Harlem, ou la fraise-ananas de Paris, ou la fraise-bigarreau.

Le quoimio de Cantorbéry, la fraise quoimio.

Le quoimio de Bath, la fraise de Bath, l'écarlate double, l'écarlate de Bath.

*Culture.* — Tous les quoimios ont besoin d'être espacés comme les caperonniers, excepté cependant le frutiller qui est le moins grand, quoique ses fruits soient plus gros.


# HARICOT.


HARICOT, s. m., *phascolus*, Linn. Genre de plantes de la famille des légumineuses, Juss., et de la diadelphie décandrie, Linn., dont les principaux caractères sont les suivans : Calice monophylle, campanulé, un peu labié, ayant la lèvre supérieure échancrée, et l'inférieure à trois dents; corolle papilionacée, à étendard réfléchi, et comme roulée en spirale avec les étamines et les styles; dix étamines, dont neuf ont leurs filamens soudés ensemble; un ovaire supérieur oblong, un peu comprimé, velu, surmonté d'un style contourné, terminé par un stigmate simple un peu épais; une gousse oblongue, s'ouvrant en deux valves, contenant plusieurs semences réniformes.

Les haricots sont, pour la plupart, des herbes annuelles, à feuilles alternes, munies de stipules à la base de leur pétiole, et dont les fleurs sont souvent disposées en grappes axillaires. On en connaît aujourd'hui une trentaine d'espèces, dont les plus remarquables sont les suivantes :

HARICOT COMMUN, *phaseolus vulgaris*, Linn. Sa racine est fibreuse, annuelle; elle donne naissance à une tige herbacée, comprimée, rameuse, volubile, haute de quatre à cinq pieds, garnie de feuilles alternes, pétiolées, composées de trois folioles ovalées, pubescentes. Ses fleurs sont blanches ou un peu jaunâtres, disposées en grappes peu fournies et axillaires. Il leur succède des gousses qui contiennent des semences connues sous le nom de haricots, et qui, selon les variétés, sont plus ou moins réniformes et blanches, jaunâtres, rouges, violettes, ou enfin jaspées de différentes nuances. Cette plante intéressante est originaire des Indes; elle a produit par la culture de nombreuses variétés, dont les plus répandues sont les suivantes :

Haricot blanc. Il est nommé mongette dans plusieurs départemens. Sa fleur est blanche, sa gousse est de médiocre grandeur, ses semences sont aplaties et d'un blanc sale.

Haricot blanc hâtif. Il diffère du précédent par sa précocité et par ses semences plus nombreuses et plus allongées.

Haricot de Soissons. Ce haricot est tardif. Sa fleur est blanche, sa gousse longue est garnie de huit à neuf graines aplaties d'un très-beau blanc, et assez grosses.

Haricot sans parchemin. Cette variété est la plus hâtive après celle connue sous le nom de Haricot blanc hâtif. Sa fleur est blanche, ses gousses fort longues, ses graines sont blanches, courtes et aplaties. Ce haricot est beaucoup cultivé, et son produit le rend des plus recommandables.

Haricot rognon de coq. Il tire son nom de sa forme semblable à celle d'un rein, ou d'un rognon de coq. Sa gousse est très-longue, ses semences sont blanches et en petite quantité, plus grosses que celles du haricot blanc hâtif. Ce haricot est à juste titre regardé comme l'un des meilleurs.

Haricot rond. Sa fleur est blanche, ses gousses sont remplies de semences pressées, dont la forme est ovoïde.

Haricot rouge d'Orléans. Ses fleurs sont pourpres, ses semences sont aplaties, d'un rouge tirant sur le pourpre clair, ses gousses sont comprimées par les extrémités, et les graines qu'elles renferment sont assez serrées.

Haricot sabre. Cette variété est fort commune en Hollande, où elle est nommée Schwert (qui signifie sabre) à cause de sa forme. Elle porte des gousses de neuf à quatorze pouces de longueur, et larges à proportion; sa graine est courte, et on la cueille en vert pour la confire au sel; c'est presque la seule manière dont on l'emploie. Les Hollan-

dais en font une branche assez forte de leur commerce.

HARICOT NAIN; *phaseolus nanus*, Linn. Cette
espèce ressemble, sous beaucoup de rapports, au
haricot commun, mais elle en diffère essentiellement en ce qu'elle ne grimpe point, reste droite,
et ne s'élève guère qu'à un pied ou quinze
pouces. Originaire de l'Inde et cultivée comme
le haricot commun depuis un temps immémorial
en Europe, elle a produit plusieurs variétés, dont
les plus connues sont les suivantes :

Haricot blanc hâtif de Hollande. Il est d'un
grand produit; sa fleur est blanche, ses gousses sont assez belles, médiocrement tendres
lorsqu'elles ont acquis leur grandeur; elles renferment six ou sept graines d'un beau blanc et
de forme ovale.

Haricot suisse blanc. Il est d'un grand produit ;
ses semences sont d'un blanc roux.

Haricot suisse gris. C'est le plus hâtif des haricots nains; ses gousses tendres et longues renferment une graine jaspée de blanc sur un fond noir.

Haricot suisse rouge. C'est une sous-variété du
précédent.

Haricot nain rouge hâtif. Il s'élève beaucoup,
sa fleur est parsemée de violet clair, ses gousses
contiennent cinq à six semences d'un très-beau
rouge.

Haricot nain rouge. Il diffère peu du précédent.

*Usages et propriétés.* — On mange ces haricots
soit verts, c'est-à-dire le fruit entier lorsque la

gousse est encore verte et tendre ; soit en graine
fraîche ou desséchée et dépouillée de sa gousse.
Les premiers sont assez agréables, se digèrent facilement, mais nourrissent peu. Les seconds, sans
être moins agréables, sont très-nourrissans ; mais
il faut en manger avec beaucoup de ménagement,
parce qu'ils incommodent les personnes délicates,
qu'ils pèsent, sont venteux, et ne conviennent point
aux estomacs faibles ; ils sont surtout dangereux
pour les personnes sédentaires et sujettes aux
vertiges. Aussi donne-t-on communément la préférence aux premiers.

Dans la médecine on emploie fort peu les haricots ; ils passent cependant pour être apéritifs,
diurétiques et emménagogues. On peut, en les ré-
duisant en purée, en faire des cataplasmes émolliens et maturatifs.

*Culture.* — Les haricots aiment en général une
terre fraîche, légère, substantielle et bien amendée par des fumiers consumés ; ils peuvent être
semés dans le même champ plusieurs années de
suite. Dans leur pays natal ils n'ont point à craindre
comme en Europe, des gelées tardives, et rien ne
les arrête dans leur croissance ; parmi nous, au
contraire, ils sont exposés à des inconvéniens que
le cultivateur doit avoir soin d'éviter. Semés de
bonne heure, les gelées printanières peuvent les endommager et peut-être les détruire. Si on les sème trop tard et qu'il survienne des chaleurs,
leurs jeunes tiges se dessécheront ; il est difficile
de déterminer l'époque à laquelle on peut confier à

la terre les semences de haricot, elle est relative
à la température et aux saisons qui règnent dans
chaque lieu. Quelques cultivateurs assignent le
temps des premiers semis pour tous les climats et
pour tous les lieux, à l'époque où le seigle est en
fleur.

Les haricots se cultivent en plein champ ou dans
les jardins potagers. Cultivés en plein champ, leur
produit, dans les bonnes années, est quelquefois
supérieur à celui du plus beau blé. Dans plusieurs
départemens méridionaux, on en fait d'abondantes
récoltes.

Cette culture ne nuit point à celle des plantes
céréales. Le blé réussit très-bien sur le sol qui a
produit des haricots.

Dans les jardins potagers, on sème ordinairement
les haricots nains en bordures, et les grimpans en
planches ou en carreaux entiers. Quelques jardiniers sèment grain à grain, en sillons espacés de
six pouces à deux pieds, en laissant de distance en
distance des vides pour faciliter l'accroissement et
la cueille des haricots en vert.

D'autres sèment en échiquier, dans des petites
fosses éloignées de huit à vingt pouces ; ils mettent
dans chacune quatre ou cinq haricots. Quelque
méthode qu'on adopte, on doit les recouvrir d'environ deux pouces de terre.

Quand les haricots ont deux pouces environ de
hauteur, on sarcle s'il en est besoin, et lorsque le
moment de ramer approche, pour les plus grandes
variétés, on laboure avec la pioche la terre du

sillon, on l'aplanit, et on en chausse chaque plante qui, par ce moyen, se trouve occuper le sommet du sillon. La même façon a lieu pour les haricots nains. Lorsque les uns et les autres ont été semés sur des sillons plats, on doit également les chausser en temps convenable; il est avantageux de donner un second labour dès qu'on s'aperçoit que les premières fleurs sont nouées : en général plus ces petits labours seront répétés, plus la récolte sera abondante.

Les haricots grimpans n'en donneront qu'une médiocre en proportion de leur produit ordinaire, si on ne prend pas soin de les ramer; leurs filets alors s'entrelaceront les uns sur les autres en pure perte, et le ravalement les réduit pour ainsi dire à l'état de haricots nains. Dès que les filets paraissent, on doit donc s'empresser de leur donner des soutiens, ces soutiens se nomment rames; ce sont tout simplement des branches d'arbres sèches et garnies de leurs rameaux qu'on fiche en terre par le gros bout après l'avoir taillé en pointe. Le choix des rames est à-peu-près indifférent; cependant, comme celles de chêne et d'orme durent long-temps, on doit les employer de préférence aux autres, quand on peut s'en procurer aisément et qu'elles ne sont pas trop chères, autrement on se sert de celles qu'on trouve sous sa main; l'essentiel est qu'elles soient bien garnies de petits rameaux, et d'une hauteur proportionnée à l'élévation qu'a la plante quand elle est parvenue au maximum de sa croissance. Si les hari-

cots ont été semés sur deux rangées , chaque rangée
doit avoir sa rame inclinée l'une vers l'autre. Si on
les a semés sur trois rangées , la rame du rang du
milieu sera piquée droite, et celles des côtés incli-
nées sur elle. Ces rames peuvent servir plusieurs
années, si on les ménage en les détachant de terre,
et qu'après les avoir fait sécher au soleil, on les
place sous des hangars à l'ombre et à l'abri de la
pluie et de l'humidité.

« Dans quelques cantons de la France ( Rozier ,
*Dictionnaire d'Agriculture* ), on arrête et on pince
les filets lorsqu'ils sont parvenus à une certaine
hauteur. Cette méthode est-elle avantageuse ou
nuisible ? Je n'ose prononcer définitivement (c'est
Rozier qui parle) ; elle me paraît avantageuse dans
les pays chauds lorsqu'on a la facilité d'arroser ,
parce que le pincement fait pousser des filets laté-
raux sur les tiges, et leurs fleurs et leurs fruits ont le
temps de mûrir ; mais si le pays est très-chaud, on
aura beau arroser, la grande chaleur précipitera la
plante , et les tiges latérales auront épuisé la mère
tige en pure perte. Il en est ainsi pour toute espèce
de haricots, parce qu'ils demandent un degré de
chaleur à-peu-près précis, et surtout une graduation
proportionnée dans la marche de la chaleur. Il est
de fait que les haricots subsistent plus long-temps
sur pied et en bon état dans les climats tempérés
que dans les pays chauds, à moins qu'on n'y
craigne pas les gelées et les rigueurs de l'hiver ; alors
c'est le cas de semer en janvier ou février, et
la plante conserve une belle végétation jusqu'aux

-grandes chaleurs. Dans nos provinces septentrio-
nales, au contraire, je regarde le pincement des
filets comme très-inutile, puisque la chaleur de
l'atmosphère n'est souvent pas assez forte pour
mûrir les haricots des variétés tardives; alors c'est
le cas de semer les variétés hâtives, grimpantes
ou naines, indiquées ci-dessus. »

Quand on manque de rames et qu'on n'en a
que de très-petites pour les haricots grimpans, il
est avantageux de couper les filets à mesure qu'ils
poussent, et d'arrêter les plantes à deux ou trois
pieds de hauteur.

Lorsque des gelées inattendues, des pluies ex-
cessives, ou quelque accident particulier, font
périr la plupart des premiers haricots semés, pour
ne pas perdre un terrain tout préparé, il faut, s'il
en est encore temps, semer une seconde fois dans
les parties des sillons ou de l'échiquier qui séparent
les fosses ou trous primitivement faits; le produit
dédommagera le cultivateur des nouveaux soins
qu'il prendra, et de la nouvelle semence dont il
aura fait le sacrifice.

*Récolte et conservation.* — Dans les pays froids
on est obligé de cueillir les gousses des haricots
une à une et à mesure qu'elles sont mûres, tandis que dans le midi, on arrache les tiges, et on
attend pour cela qu'elles soient desséchées. Pour
que les haricots ne s'altèrent point, il faut les
laisser dans les gousses et ne les en sortir que
quand on est sur le point de les employer; de
cette manière ils se conservent bien plus long-

temps. Il est bon aussi de ne les enfermer qu'après leur avoir fait subir une dessiccation au soleil : alors on peut les rentrer au grenier ou les suspendre sous des hangars. Ce que je dis ne peut s'appliquer à toutes les variétés en général ; car les haricots ramés, surtout, se succédant sans interruption pendant plusieurs mois, il y a presque toujours des gousses qui sont mûres avant que les dernières fleurs soient épanouies, de sorte qu'on trouve sur le même pied des fleurs et des gousses vertes, et d'autres qui sont mûres et prêtes à être cueillies.

On écosse les haricots de deux manières, suivant qu'on les cultive en grand ou en petit. Quand on les cultive en grand, on se sert du fléau comme si l'on battait du blé, et on vanne ensuite. La seconde manière consiste à écosser les haricots à la main ; elle est préférable à la première, parce que les graines ne sont jamais brisées ; mais elle est la plus longue, et par conséquent ne peut guère être appliquée qu'à la petite culture.

## LAITUE.

LAITUE, s. f., *lactuca*, Linn. Genre de plantes de la famille des chicoracées, Juss., et de la syngénésie polygamie égale, Linn., offrant pour caractère essentiel des fleurs semi-flosculeuses, dont le calice est presque cylindrique, peu ventru, composé d'écailles imbriquées, membraneuses à leurs bords ; le réceptacle glabre, ponctué; les semences couronnées par une aigrette capillaire pédiculée.

Les laitues sont des plantes herbacées, annuelles, laiteuses, à feuilles alternes, amplexicaules, entières ou découpées, et à fleurs presque cylindriques, disposées soit en grappe, soit en panicule corymbiforme qui termine la plante. On en connaît aujourd'hui une vingtaine d'espèces, dont celle qui suit est la seule cultivée.

Laitue cultivée, *lactuca sativa*, Linn. Cette plante s'élève communément à la hauteur de deux ou trois pieds, sur une tige droite, cylindrique, glabre, feuillée et branchue. Ses feuilles sont ovales - oblongues, ondulées, tendres, et d'un vert pâle, quelquefois jaunâtre. Les inférieures sont plus grandes, plus larges et plus arrondies que les supérieures. Ses fleurs, petites, nombreuses et d'un jaune clair, viennent au sommet des rameaux sur de courts pédoncules, qui sont très-glabres, ainsi que les calices. Ses semences sont petites, grisâtres, ovales-oblongues, comprimées, couronnées d'une aigrette blanche, simple, pédiculée. Cette plante dont on ignore l'origine, est cultivée de temps immémorial dans les jardins potagers; elle a produit, dit-on, cent cinquante variétés, qu'on peut cependant réduire à trois races principales.

La première race est la laitue-pommée (*lactuca sativa capitata*), qui, avant de développer sa tige, offre une large touffe de feuilles arrondies, concaves, ondulées, bosselées, pressées les unes sur

les autres, et formant ensemble une tête arrondie comme un chou; les feuilles intérieures étant
privées de lumière, restent étiolées, c'est-à-dire
blanchâtres ou jaunâtres, presque insipides. Cette
race est la plus nombreuse en variétés; on y
distingue les suivantes :

Laitue impériale, ou grosse allemande. Sa grosseur est monstrueuse, surtout en Hollande; sa
pomme est très-serrée et de couleur jaune, et sa
saveur douce et sucrée. Sa graine est blanche,
et se sème au printemps.

Laitue cocasse. Elle est un peu amère et médiocrement tendre, mais très-garnie de feuilles :
elle reste long-temps pommée avant de monter.
Ses graines, qui sont blanches, se sèment en été
et en hiver dans une terre légère. Elle demande
de fréquens arrosemens.

Laitue Batavia. Elle est très-grosse, tendre,
cassante et délicate, quoiqu'un peu amère quand
elle a cru dans des terres fortes. Sa pomme n'est
ni pleine ni très-blanche. On la sème en été, et
il faut l'arroser souvent.

Laitue de Berlin. C'est la plus volumineuse de
toutes, quand elle croît dans un sol qui lui convient. Sa pomme n'est jamais bien sucrée. Elle a
ses feuilles légèrement bordées de rouge, et des
semences noirâtres.

Laitue grosse-rouge. On peut la semer en toutes
saisons et dans tous les terrains; mais elle se plaît
mieux dans un sol gras et fertile. Ses feuilles sont

d'un vert rembruni d'un gros rouge. Sa pomme est grosse, tendre et d'un jaune orangé; sa graine est noire. Cette laitue est regardée partout comme une des meilleures.

Laitue petite-rouge, ou jaune-rouge. Elle pomme et monte lentement, et reste long-temps dans cet état avant de monter : elle est douce et tendre, jaune dans le cœur. Ses feuilles extérieures sont d'un vert tendre, fouetté de rouge ; elles sont rondes et presque unies. Sa graine est noire.

Laitue grosse-blonde. Son nom indique sa couleur et son volume. Sa feuille est grande, très-bullée, unie sur les bords. Sa tête se forme promptement ; elle est assez serrée, mais elle dure peu, parce qu'elle monte vîte. On la sème au printemps et en automne.

Laitue d'Italie. Elle est de moyenne grosseur et très-bonne. Ses semences sont noires, et ses feuilles colorées en rouge. Elle demande un terrain léger, et réussit bien dans toutes les saisons.

Laitue de Hollande, ou laitue brune. Elle n'est pas tendre. Sa pomme est grosse, jaune, ferme, bien pleine. Sa graine est noire et se sème en été.

Laitue royale. Cette laitue est excellente ; sa pomme est grosse, tendre et dure long-temps ; ses feuilles sont luisantes. Sa graine est blanche ; on la sème en été. Il faut l'arroser souvent.

Laitue perpignane, ou laitue à grosses côtes. Elle est tardive dans les provinces du Nord ; ses feuilles sont lisses et à grosses côtes ; sa pomme est très-grosse, jaune, tendre et douce ; sa graine est blanche, on la sème en été dans un terrain sec.

Laitue petite crêpe. Elle a des feuilles d'un vert jaunâtre, crispées et arrondies, une pomme très-petite et des graines noires : elle est très-hâtive ; on la sème en hiver sur couche ; au printemps au pied d'un mur.

Laitue grosse crêpe. Sous-variété perfectionnée de la précédente. Elle doit être semée dans les mêmes saisons et aux mêmes expositions. Elle pomme facilement.

Laitue gotte. C'est une des meilleures à semer sous châssis, dans le Nord, depuis octobre jusqu'en février. Les moindres chaleurs la font monter.

Laitue sanguine ou flagellée. Elle est de moyenne grosseur, panachée en rouge, et plus recherchée pour la vue que pour le goût. Elle monte dès qu'elle sent les fortes chaleurs, et ne réussit qu'au printemps.

Laitue sans-pareille. Elle est de moyenne grosseur, et ne pomme souvent qu'au bout de trois mois. Ses feuilles sont d'un vert clair, finement dentelées et lavées de rouge sur les bords. Sa semence est blanche.

La seconde race est la laitue frisée (*lactuca sativa crispa*), dont les feuilles découpées, dentées et crépues sur les bords, ne forment pas, comme dans la première race, une tête arrondie en pomme. Les variétés appartenant à cette race sont les suivantes :

Laitue mousseronne. Elle est petite, et a ses feuilles très-frisées, crispées, dentelées, d'un vert clair fortement teint de rouge sur les bords. Sa pomme est petite, tendre; ses semences sont blanches.

Laitue-chicorée. Elle est blonde, plus belle et plus grande que la variété suivante, et a ses feuilles profondément laciniées; sa semence est noire.

Laitue vissée. Elle est ainsi nommée, parce que ses feuilles ont des enfoncemens et des élévations qui tournent du haut en bas à la manière des vis de pressoir. Cette laitue est douce et sa graine est noire.

La troisième race est la laitue romaine (*lactuca sativa longifolia*), dont les feuilles sont allongées, étrécies vers la base, arrondies et concaves au sommet, presque lisses, c'est-à-dire, non bosselées ni ondulées, dressées, formant un assemblage oblong, obovoïde, peu compacte. Les variétés appartenant à cette dernière race sont les suivantes :

Laitue romaine rouge. Les feuilles extérieures sont teintes de rouge, les intérieures sont d'un beau jaune, et tendre : elle craint l'humidité, et si la sécheresse est trop forte, lorsqu'elle est liée, il faut arroser la terre sans que l'eau aille sur la plante. Sa semence est noire.

Laitue romaine panachée ou flagellée. Ses feuilles sont tachées de rouge ou de pourpre, ce qui la rend agréable à la vue ; les intérieures sont jaunes, moins pourprées que les autres, sans être, malgré cela, tout-à-fait dépourvues de taches de pourpre.

Les grandes chaleurs font monter facilement cette laitue. Sa saison, dans le Nord, est la fin du printemps, et on doit l'y semer sur couche. Ses semences sont noires. On en connaît une sous-variété dont le cœur est encore plus tacheté de rouge; elle a l'avantage de se fermer et de blanchir sans le secours des liens. Sa graine est blanche.

*Laitue romaine verte.* Ses feuilles sont très-longues et d'un vert foncé, avec les côtes blanches. Sa semence est noire. Cette laitue est moins tendre que les autres, mais plus grosse et moins difficile sur le choix du sol et sur les saisons. Ordinairement il n'est pas nécessaire de la lier pour la faire blanchir. Elle doit avoir son sommet un peu aplati; quand elle se termine en pointe, elle est dégénérée.

*Laitue romaine grise.* Elle est hâtive au printemps et supporte l'hiver; elle est plus douce et moins verte que la précédente, et difficile sur le choix du terrain. Sa graine est blanche.

*Laitue romaine blonde.* Celle-ci est délicate et monte facilement; elle doit être semée en terre forte et peu arrosée. Sa graine est blanche. Ses feuilles sont minces et d'un vert tirant sur le jaune.

*Laitue romaine hâtive.* Elle ressemble à la précédente, mais la couleur des feuilles est moins lavée de jaune. Ses semences sont blanches. On l'élève en hiver sous cloche.

*Laitue alfange.* Elle est jaune et rougeâtre, a des semences blanches et des feuilles très-larges, d'un vert pâle et légèrement tachetées de rouge au sommet. Cette laitue est tendre et délicate. Elle monte et pourit promptement.

*Usages et propriétés.* — De tout temps les laitues ont tenu le premier rang parmi les autres herbes potagères : les Romains en particulier en faisaient un de leurs mets favoris. D'abord ils les mangeaient à la fin des repas, ensuite, sous Domitien, cette mode vint à changer et les laitues leur servirent d'entrée de table. Elles sont excellentes, soit crues et en salade, soit cuites ou bouillies dans le potage ; elles rafraîchissent lentement, fournissent un chyle doux, délayé, fluide; elles modèrent l'acrimonie des humeurs, par leur suc aqueux et nitreux, et sont légèrement narcotiques : elles conviennent aux tempéramens bilieux et robustes. On en extrait par la distillation une eau qui sert de base aux juleps rafraîchissans et somnifères : on en prépare des bouillons et des lavemens rafraîchissans. Les graines de laitue sont mises au nombre des quatre petites semences froides ; elles fournissent une émulsion rafraîchissante, calmante et anti-putride.

*Culture.* — L'art d'avoir des laitues dans toutes les saisons, consiste, en général, à bien choisir les variétés, à les semer en temps convenable, et à les garantir des fortes chaleurs et de la trop grande humidité, sans pourtant les priver d'air. Ces plantes demandent des soins différens dans le nord et le midi de la France. Au nord, surtout aux environs de Paris, on fait un fréquent usage des couches et des châssis, à peine connus dans les parties méridionales de la France ; on hâte ainsi la croissance des laitues ; mais leur précocité est toujours au préjudice de leur saveur.

Toutes les variétés de laitue ne se multiplient que de graine. Cette graine peut se conserver quatre ans, mais elle n'est bonne que la seconde année ; semée la première année, elle germe à la vérité plus vite, mais le plant monte facilement ; la troisième année, une partie ne lève point, et la quatrième on ne voit lever que les graines parfaitement aoûtées, pourvu encore qu'elles aient été tenues renfermées.

# LENTILLE.

**LENTILLE**, s. f., *ervum*, Linn. Genre de plantes de la famille des légumineuses, Juss., et de la diadelphie décandrie, Linn., qui présente pour caractères : un calice monophylle, presque aussi grand que la corolle, papilionacé, à étendard plus long que les ailes et la carène ; dix étamines, dont neuf réunies par leurs filamens ; un ovaire supérieur, oblong, surmonté d'un style arqué, terminé par un stigmate obtus, presque glabre ; une gousse presque rhomboïde contenant deux à quatre semences orbiculaires.

Les lentilles sont des plantes herbacées annuelles, à tiges grêles, garnies de feuilles alternes, ailées, terminées par une vrille, et munies de stipules à leur base ; leurs fleurs sont petites, portées.

une ou plusieurs ensemble, sur des pédoncules axillaires. On en connaît aujourd'hui une soixantaine d'espèces, dont celle qui suit est seule cultivée.

LENTILLE COMMUNE, *ervum lens*, Linn. Sa racine est menue, fibreuse, annuelle; sa tige est rameuse, anguleuse et pubescente. Ses feuilles se composent de quatre à cinq paires de folioles alternes, ovales, sessiles, entières et obtuses. Le pétiole commun se prolonge en vrille roulée; à sa base sont deux petites stipules ovales, lancéolées, aiguës. Ses fleurs sont blanches, disposées deux à trois ensemble à l'aisselle des feuilles supérieures, et portées sur un pédoncule de même longueur que ces dernières, et se terminant souvent en une vrille roulée. Son fruit est une petite gousse comprimée, glabre, contenant deux à trois semences orbiculaires, comprimées, légèrement convexes, roussâtres et qui portent le même nom que la plante. La lentille commune croît naturellement dans plusieurs parties de la France et de l'Europe; elle a produit par la culture plusieurs variétés, dont les principales sont :

La lentille blonde.

La lentille à la reine.

Le lentillon.

*Usages et propriétés.* — Les lentilles sont usitées comme aliment; mais elles sont un peu difficiles à digérer. Néanmoins elles sont une des principales nourritures du peuple dans plusieurs pays, principalement dans l'Archipel. Il paraît qu'on les estimait beaucoup autrefois dans la

Grèce ; car Athénée dit, comme une maxime des stoïciens, que le sage faisait tout bien, et qu'il assaisonnait parfaitement les lentilles. La farine de ces légumes est une des quatre farines résolutives. Dans beaucoup d'endroits, le peuple fait usage d'une décoction de lentilles, pour boisson dans la petite-vérole ; mais il est très-vraisemblable que cette boisson ne convient point dans cette circonstance, et qu'il est à propos de lui substituer une décoction de scorzonère.

Les tiges des lentilles se donnent aux vaches avec du foin, ou s'emploient en litière, ou servent à chauffer les fours.

*Culture.*—Les lentilles aiment les terres substantielles ; mais elles n'y réussissent qu'autant que ces terres sont parfaitement divisées et ameublies. On les sème à la volée dans les pays de grande culture ; il vaut mieux les semer en rayons de douze à dix-huit pouces environ, ou par petites touffes ; on met six à huit lentilles à chaque touffe. Dans le nord de la France, on sème communément les lentilles en mars et au commencement d'avril, lorsque les gelées ne sont plus à craindre.

Il faut avoir soin de surveiller l'époque de la maturité des lentilles, car si on les laisse trop avancer sous ce rapport, les gousses venant à s'ouvrir spontanément, une grande quantité de graines se répandent à travers les champs, et se trouvent perdues, ou deviennent la proie des pigeons, des mulots, ou autres animaux qui en sont fort friands. Dans le climat de Paris, c'est le plus communément vers la fin de juillet qu'arrive l'époque de la maturité des lentilles ; on reconnaît qu'il est temps d'en faire la récolte lorsque la plante se dégarnit de ses feuilles inférieures, et que les gousses prennent une couleur grisâtre. La récolte des lentilles se fait le plus souvent à la main en arrachant les pieds ; il est très-rare qu'on les coupe à la faucille ou à la faux, à moins que ce ne soit le lentillon, qui se cultive comme fourrage. Après avoir arraché les pieds, on les met en petites bottes qu'on étend pendant deux ou trois jours pour les faire sécher, sur les haies, des échalas, ou contre les murs, ou encore, quand le temps est beau et que la pluie n'est pas à craindre, on les laisse sur le champ même. Quand les lentilles sont complétement sèches, on les serre dans des greniers ou dans des granges. Elles se battent au fléau, mais il est bon de faire cette dernière opération au fur et à mesure des besoins de la consommation ou de la vente, parce que les graines se conservent meilleures dans les gousses que lorsqu'elles en sont séparées.

## MÉLISSE.

MÉLISSE, s. f., *melissa*, Linn. Genre de plantes de la famille des labiées, Juss., et de la didynamie gymnospermie, Linn., dont les principaux caractères sont d'avoir un calice monophylle, persistant, presque campanulé, à cinq dents, dont trois supérieures et deux inférieures ; une corolle monopétale à tube cylindrique, évasé au sommet et partagé en deux lèvres; la supérieure, courte, échancrée; l'inférieure à trois lobes, dont celui du milieu plus grand et échancré; quatre étamines didynames, à anthères oblongues didymes; un ovaire supérieur à quatre lobes du milieu desquels s'élève un style filiforme, à-peu-près de la longueur des étamines, terminé par un stigmate bifide; quatre semences, nues, ovales, placées au fond du calice.

Les mélisses sont des plantes le plus souvent herbacées, quelquefois des arbustes, à feuilles simples, opposées, et à fleurs axillaires portées sur des pédoncules ordinairement rameux, et disposées en grappes au sommet des tiges ou des rameaux. On en connaît aujourd'hui dix-sept espèces, dont celles qui suivent sont les plus remarquables.

MÉLISSE OFFICINALE, *melissa officinalis*, Linn. Ses racines sont grêles, cylindriques, dures, un peu rameuses, presque obliques et fibreuses. Ses tiges sont dures, tétragones, presque glabres, très-rameuses, hautes d'environ deux pieds, garnies de feuilles opposées, pétiolées, d'un vert foncé, un peu luisantes, ovales, souvent échancrées en cœur à leur base, régulièrement dentées à leurs bords. Ses fleurs sont petites, d'un blanc jaunâtre, portées plusieurs ensemble dans les aisselles des feuilles sur des pédoncules rameux. Cette plante croît en Europe, dans les terrains incultes, sur les bords des haies, et le long des bois.

*Usages et propriétés.* — On cultive la mélisse

officinale dans les jardins pour l'odeur agréable
qu'elle répand et pour ses vertus médicinales. Sa
saveur est un peu âcre, aromatique et balsamique.
Elle contient une très-petite quantité d'huile éthé-
rée d'une odeur suave, un principe résineux, actif
et assez abondant, et une substance gommeuse
presque inerte, quand elle est séparée des autres
principes. On peut en faire usage avec succès dans
toutes les maladies qui reconnaissent pour cause
une faiblesse dans le genre nerveux. Les parties
de cette plante utile en médecine sont : les feuilles
cueillies avant la floraison, ses sommités fleuries
et sa fleur. On se sert rarement des semences.
Les feuilles doivent toujours être employées de
préférence aux autres parties. On les fait cuire
dans le bouillon, ou on les prend en infusion théiforme; cette infusion est moins relâchante que
le thé, et n'est guère moins agréable.

La préparation la plus ordinaire de la mélisse
est son eau distillée, simple ou composée. L'eau
de mélisse simple se donne dans les potions cordiales et hystériques, à la dose de quatre à cinq
onces. L'eau de mélisse composée, plus connue
sous le nom d'eau des Carmes, est surtout ordonnée
dans les maladies du cerveau et des nerfs; on en
donne une cuillerée ou pure ou mêlée dans un
verre d'eau.

Les feuilles de la mélisse sont quelquefois employées, dans le commerce, à la sophistication du
thé.

*Culture.* — La mélisse demande une terre sèche

et chaude. On la multiplie de graines, qu'on sème dans des petites bandes bien préparées. Les plantes se repiquent la seconde année ; mais comme ce moyen est lent, on préfère généralement celui de la division des vieux pieds en automne ou au printemps, division qui en donne de très-forts dès la première année, car cette plante talle beaucoup.

MÉLISSE CALAMENT, *melissa calamintha*, Linn. Ses tiges sont droites, pubescentes, ainsi que toute la plante, à peine tragones, hautes d'environ deux pieds, garnies de feuilles presque ovales, presque en cœur à leur base, dentées en scie dans leurs contours. Ses fleurs sont purpurines ou bleuâtres, médiocrement grandes, longues de cinq à sept lignes, portées au nombre de dix à douze sur des pédoncules quelquefois divisés et disposés en grappe allongée et un peu paniculée ; leur calice est velu. Cette plante croît naturellement dans les parties méridionales de l'Europe, aux endroits pierreux et montueux ; elle fleurit pendant tout l'été et l'automne.

*Usages et propriétés.* — Les feuilles de cette mélisse ont une odeur agréable, une saveur âcre et un peu amère ; simplement appliquées sur la peau, elles y causent, comme celles de la menthe poivrée, une sensation piquante et rafraîchissante. Elle sont stomachiques, incisives et carminatives. On en fait assez fréquemment usage.

MELON, voyez CONCOMBRE.

## MORELLE.

MORELLE, s. f., *solanum*, Linn. Genre de plantes de la famille des solanées, Juss., et de la pentandrie monogynie, Linn. Offrant pour caractère : un calice monophylle, persistant, découpé le plus souvent en cinq dents ou en cinq lobes; une corolle monopétale en roue, à tube très-court et à limbe ouvert, divisé ordinairement en cinq lobes; cinq étamines à filamens très-petits, insérés à l'orifice du tube, portant des anthères oblongues, conniventes, presque réunies, s'ouvrant à leur sommet par deux petits trous; un ovaire supérieur arrondi, surmonté d'un style filiforme plus long que les étamines, et terminé par un stigmate obtus; une baie arrondie plus ou moins grosse à une ou deux loges, renfermant un grand nombre de semences comprimées et éparses dans la pulpe.

Les morelles sont des herbes ou des arbrisseaux, à tiges dépourvues ou munies de piquans; leurs feuilles sont simples, entières, sinuées, lobées, composées, ordinairement alternes, quelquefois géminées, rarement ternées : leurs fleurs, d'une forme assez agréable, sont rarement solitaires sur leur pédoncule; le plus souvent elles forment des corymbes plus ou moins garnis, axillaires ou opposés aux feuilles ou encore épars sur les rameaux. On

en connaît aujourd'hui environ deux cents espèces,
dont les plus remarquables sont les suivantes :

MORELLE TUBÉREUSE, vulgairement pomme-de-
terre, *solanum tuberosum*, Linn. Ses racines sont
de gros tubercules oblongs ou arrondis, quelquefois
de la grosseur du poing, de différentes couleurs en
dehors, violettes, rougeâtres, presque bleuâtres,
toujours de cette dernière couleur intérieurement;
elles produisent des tiges herbacées, anguleuses,
un peu velues, hautes d'un pied et demi. Ses
feuilles sont ailées avec un impaire, composées
de cinq à sept folioles lancéolées, avec de petites
pinnules interposées entre elles. Ses fleurs sont
assez grandes, violettes, bleues, rougeâtres ou
blanches, nombreuses, disposées en corymbes
longuement pédonculées et opposées aux feuilles
de la partie supérieure des tiges. Ses fruits sont
des baies de grosseur médiocre, et d'un rouge
blanchâtre à l'époque de la maturité. La pomme-
de-terre est originaire de l'Amérique méridionale,
d'où elle a été apportée en Europe au commencement du dix-septième siècle. Les différentes
variétés qu'elle a produites par la culture, sont en
grand nombre; les plus recommandables sont les
suivantes :

La pomme-de-terre naine hâtive, qui est jaune
et remarquable par son extrême précocité; elle
mûrit en juin.

La chave ou schaw, jaune, obronde, plus grosse
que la précédente et plus productive; elle vient
en juillet.

La truffe d'août, bonne à manger dans ce mois, est rouge, un peu pâle et fort bonne.

La Hollande jaune, ou cornichon jaune, qui est de cette couleur, longue, aplatie, très-farineuse, est une des plus délicates et des plus recherchées.

La rouge, longue ou violette, qui a la chair ferme et de bon goût.

La descroizille, rose, longue, d'excellente qualité et de bonne garde.

La tardive d'Irlande, appelée américaine ou encore pomme-de-terre suisse, recommandable par la faculté qu'elle possède de se conserver bonne et presque sans pousser jusqu'au milieu de l'été.

*Usages et propriétés.* — Cuites sous les cendres, au four, dans l'eau, ou à la vapeur, les pommes-de-terre sont directement employées comme base d'alimentation par toutes les nations de l'Europe. Les pauvres y trouvent à peu de frais un aliment très-nourrissant, qui leste bien l'estomac et qui est leur unique ressource dans les temps de disette ; et les riches un moyen de varier leurs mets, et de multiplier leurs jouissances. On les associe avec avantage aux viandes et aux jus qu'on en retire, aux graisses, au beurre, au lait, aux œufs, au sucre et aux autres substances végétales. On les transforme ainsi en une variété innombrable de mets plus ou moins délicats ; toujours salutaires, et qui figurent avec les mêmes succès sur les tables les plus modestes, comme sur celles qui sont les plus somptueusement servies. On en fait des soupes, des pâtes, des salades, des bouillies, des purées, des ragoûts, des fritures, des beignets et des gâteaux. Coupées par tranches et séchées au four, on peut les conserver très-long-temps sans altération, avec toutes leurs qualités nutritives, les transporter à de grandes distances et s'en servir ainsi dans les voyages de long cours. Cuites à la vapeur, dépouillées de leur épiderme, séchées et réduites en farine, on peut également les conserver très-long-temps pour les usages alimentaires. On en fait du vermicelle, du sagou et même de très-bon pain, si on a le soin d'y ajouter un peu de froment. L'amidon qu'on retire de la pomme-de-terre crue, en la râpant sur un tamis dans de l'eau, au fond de laquelle il se précipite, a toutes les qualités de celui que l'on retire du froment, et sert aux mêmes usages économiques. On en compose des crêmes légères, qui, convenablement édulcorées et aromatisées, fournissent aux convalescens et aux malades un aliment analeptique très-agréable. Les parfumeurs en font diverses poudres cosmétiques. Il sert aux blanchisseuses et à différens fabricans d'étoffes, à la préparation de l'empois avec lequel on donne de la consistance et du lustre au linge blanc et à plusieurs tissus. La gomme transparente qu'on obtient par la dessiccation de la gelée que l'amidon forme avec l'eau bouillante, offre toutes les propriétés de la gomme arabique, et peut être employée aux mêmes usages économiques, médicaux et pharmaceutiques. Enfin, la substance pa-

renchymateuse de ces tubercules, long-temps
dépréciée et rejetée comme inutile, contient
encore beaucoup de matière nutritive ; desséchée
et réduite en farine, elle a plus de saveur que le
gruau de froment ; mêlée avec de la farine des
céréales, elle éprouve la fermentation panaire et
donne de fort bon pain. On sait qu'après leur
congélation, les pommes-de-terre se ramollissent,
et sont alors rejetées comme impropres à aucun
usage. Il ne faut cependant pas croire qu'elles
aient entièrement perdu leurs qualités nutritives.
Des expériences récentes ont prouvé qu'on peut
encore, dans cet état, en retirer une certaine quantité de fécule amilacée, qui a les mêmes qualités
que celle qu'elles fournissent avant cette altération de leur parenchyme.

Quoique les vaches et quelques autres herbi-
vores mangent quelquefois les feuilles de cette
solanée, soit dans l'état frais, soit dans l'état sec,
les animaux en général préfèrent les tubercules
qu'on leur donne crus, coupés, hachés, ou cuits
à l'eau. Dans ce dernier état, on s'en sert surtout
avec avantage pour engraisser les bœufs, les
veaux, les cochons et les volailles de toute espèce.

*Culture.*—Les différentes méthodes de cultiver
la pomme-de-terre peuvent se réduire à deux principales. Dans l'une, tous les travaux se font à bras
d'hommes ; dans l'autre, tous les travaux s'exécu-
tent à la charrue. La première produit davantage
de tubercules, mais elle est plus coûteuse, et ne peut
convenir que pour une petite culture. La seconde,

quoique moins avantageuse, doit cependant être préférée parce qu'elle est plus facile et moins dispendieuse toutes les fois qu'on veut entreprendre une culture d'une certaine étendue, dont les produits sont destinés à la nourriture et à l'engrais des bestiaux.

Le sol le plus convenable pour les pommes-de-terre est celui qui est formé de sable et d'une certaine quantité de terre végétale. Les terrains argileux, trop compactes, ceux qui sont calcaires, ne leur sont pas propres. Quelle que soit d'ailleurs la nature du sol dans lequel on se propose de mettre ces plantes, il doit être rendu le plus meuble possible avant la plantation, et même pendant tous le temps de leur végétation. Cependant il suffit ordinairement de deux labours pour préparer toute espèce de terrain pour la plantation des pommes-de-terre : le premier, qui doit être très-profond, se fait avant l'hiver ; et le second au printemps, avant de mettre les tubercules en terre. Ceux-ci se plantent entiers, s'ils sont petits ou de médiocre grosseur ; ceux qui sont trop gros se divisent avec un couteau en plusieurs morceaux, qu'il faut couper, non pas en tranches circulaires, mais en biseaux, ayant chacun deux à trois œilletons. Lorsque la terre est labourée à la charrue, on les place au fond des sillons à mesure qu'ils sont creusés, en employant à cet effet une femme ou un enfant qui suit la charrue, en portant un panier rempli de tubercules et en traçant, selon la nature du sol et de la variété que l'on plante, une ou deux raies qu'en laisse vides. Lorsque le champ est planté en entier, on y fait passer la herse pour recouvrir.

Si la terre est travaillée à la bêche ou à la houe, les pommes-de-terre se plantent dans de petites fossés en échiquier, en quinconce, ou en rigoles droites, et on les recouvre en prenant un peu de terre avec les outils.

Il est plus tôt fait, par conséquent plus économique, de répandre le fumier avant le dernier labour, au moyen duquel il se trouve enterré. Mais quelques cultivateurs assurent qu'il est plus avantageux pour la récolte de ne mettre le fumier qu'au fur et à mesure, en en recouvrant à la main chaque tubercule après l'avoir placé en terre : il faut pour cette opération une personne de plus. La distance entre chaque pied doit être de douze à quinze pouces en tous sens. Dans la plantation en sillon, les pieds se trouvent naturellement alignés; dans l'autre cas, on doit de même disposer les fossettes par rangées aussi régulières qu'il est possible, afin de faciliter les travaux subséquens.

Il faut planter les pommes-de-terre plus écartées et moins profondément dans les terres fertiles que dans celles qui sont maigres; elles doivent être recouvertes de trois à quatre pouces de terre dans les premières, et de cinq pouces dans les dernières.

Comme les pommes-de-terre craignent beaucoup les gelées, on ne les plante pas avant le mois d'avril dans le climat de Paris et dans le nord de la France ; à cette époque les gelées, lorsqu'il en survient, ne sont plus assez fortes pour endommager les racines.

Dès que les tiges des pommes-de-terre ont acquis trois à quatre pouces de hauteur, il faut les sarcler à la main, et quand elles sont sur le point de fleurir, on les bute avec la houe, ou en faisant passer dans les sillons vides une petite charrue qui rehausse la terre de droite et de gauche contre les pieds. Ces différentes façons, qui sont nécessaires aux pommes-de-terre, débarrassant les champs des mauvaises herbes, rendent les terres plus meubles et les disposent facilement pour recevoir ensuite des graines et donner de meilleures récoltes.

*Récolte et conservation.* — C'est ordinairement vers la fin d'octobre que se fait la récolte des pommes-de-terre. Dans les terres légères on peut, en saisissant les tiges à poignée et en tirant à soi, enlever jusqu'à un certain point les racines en paquet ; mais on s'expose à laisser beaucoup de tubercules en terre, et ce moyen n'est jamais pratiquable dans les terres fortes. Quand on n'a pas beaucoup de pommes-de-terre à récolter, on les arrache avec une fourche de fer à deux ou trois dents ; la bêche ou la houe ne valent rien pour cela, parce qu'avec ces outils, on est exposé à couper un grand nombre de tubercules. Mais, lorsqu'on a des champs entiers à récolter, ce moyen deviendrait trop long et trop coûteux : on se sert alors de la charrue, avec laquelle on peut facilement en déchausser un arpent et même plus par jour.

Lorsque le temps est beau et que la gelée ne paraît pas à craindre, il est bon de laisser les pommes-de-terre sur le champ, soit éparses, soit réunies en petits tas pendant deux à trois jours, afin que, pendant ce temps, leur humidité superficielle se dissipe, et qu'elles se dépouillent plus facilement de la terre qui leur est encore adhérente; cela les rend de meilleure garde et les empêche de contracter un mauvais goût, même de pourrir, ce qui leur arrive souvent lorsqu'on les serre encore humides et couvertes de terre. Si la saison est trop froide et qu'il y ait à craindre qu'il ne gèle pendant la nuit, on fait, à mesure qu'elles sont arrachées, ramasser toutes les pommes-de-terre par des femmes ou des enfans, et on les fait transporter à la maison, où on les laisse pendant quelques jours à l'abri sous des hangars jusqu'à ce qu'elles puissent être serrées. Quand on a des caves ou des celliers qui ne sont pas humides, les pommes-de-terre s'y conservent fort bien, amoncelées pas tas plus ou moins considérables. Au défaut de ces endroits on les met dans des greniers, dans les coins d'une grange, où l'on a soin de les couvrir de paille ou de grande litière pour les mettre à l'abri de la gelée. Dans les fermes où l'on récolte beaucoup de pommes-de-terre pour les faire servir de nourriture aux bestiaux pendant l'hiver, on en fait aussi, dans les cours ou aux environs des habitations, des gros tas en pains de sucre, que l'on recouvre d'abord de trois à quatre pouces de paille, et ensuite de cinq à six pouces de terre ou de gazon, qu'on bute en dehors afin que l'eau des pluies puisse glisser par-dessus sans filtrer dans les tas. Enfin, on met les pommes-de-terre dans des fosses creusées dans un terrain sec, garnies de paille au fond et autour, et recouvertes de manière à ce que le froid et l'eau des pluies ne puissent y pénétrer. Il y a peu d'années encore on était forcé de prendre diverses précautions pour conserver les pommes-de-terre bonnes à manger, lorsque le printemps les faisait entrer en germination, et pouvoir en garder jusqu'au commencement de la récolte nouvelle : la manière la plus simple était de les étendre dans des greniers bien aérés, de les visiter souvent, et d'enlever toutes les pousses à mesure qu'elles se formaient ; mais aujourd'hui on possède des variétés tardives, et d'autres si hâtives, que les premières se gardent facilement sans précautions extraordinaires jusqu'à ce que les secondes soient bonnes à manger.

MORELLE MELONGÈNE, vulgairement AUBERGINE, *solanum melongena*, Linn. Sa tige est haute d'un à deux pieds, cotonneuse, surtout dans le haut, un peu rameuse. Ses feuilles sont ovales, sinuées en leurs bords, assez largement pétiolées et plus ou moins cotonneuses ; ses fleurs souvent blanches ou vineuses, grandes, latérales, solitaires, quelquefois portées sur un pédoncule commun qui se divise en deux ou trois autres. Le calice et le pédoncule sont garnis de quelques aiguillons courts. Le dernier s'incline à mesure que le fruit mûrit. Celui-ci est une baie pendante, très-grosse, allongée, cylindrique, lisse, luisante, douce au toucher, un peu ferme, dont la peau est ordinairement violette, quelquefois jaune. Cette plante croît naturellement dans les pays chauds, en Asie, en Afrique et en Amérique ; elle a produit par la culture plusieurs variétés qui se distinguent principalement par la grosseur et la couleur de leur fruit. La plus remarquable est celle dont la baie est blanche et ayant la forme d'un œuf de poule, ce qui la fait appeler vulgairement plante aux œufs, pondeuse.

*Usages.* — On cultive l'aubergine à cause de son fruit dont on fait usage comme aliment dans tous les pays chauds et même à Paris, et autres grandes villes du nord de l'Europe. Ce fruit est très-rafraîchissant ; mais il faut qu'il soit parfaitement mûr, autrement il a une saveur âcre qui peut incommoder.


# MOUTARDE.


**MOUTARDE**, s. f., *sinapis*, Linn. Genre de plantes de la famille des crucifères, Juss., et de la tétradynamie siliqueuse, Linn., dont les principaux caractères sont les suivans : calice de quatre folioles égales à leur base, ouvertes, caduques ; corolle de quatre pétales disposés en croix, arrondis, plats, ouverts, à onglets linéaires ; six

étamines à filamens subulés, droits, dont deux
plus courts et quatre plus longs; un ovaire supérieur cylindrique à style terminé par un stigmate
arrondi; une silique oblongue, noueuse à sa partie
inférieure, à deux valves et à deux loges, contenant chacune plusieurs graines globuleuses.

Les moutardes sont des plantes ordinairement
herbacées, très-rarement suffrutescentes, à feuilles
alternes, de forme variable, ordinairement en
lyre ou incisées; leurs fleurs sont d'un jaune plus
ou moins foncé, dépourvues de bractées et disposées en grappes terminales. On en connaît aujourd'hui une quarantaine d'espèces, dont les deux
suivantes sont les seules remarquables.

MOUTARDE NOIRE, *sinapis nigra*, Linn. Sa racine est annuelle; elle produit une tige cylindrique, droite, rameuse, haute de trois à quatre
pieds, chargée, surtout inférieurement, de quelques poils qui la rendent rude au toucher. Ses feuilles radicales sont pétiolées, légèrement hérissées,
découpées en lobes irréguliers et dentés, dont le
terminal est beaucoup plus grand que les autres.
Ses fleurs sont jaunes, assez petites, disposées, à
l'extrémité de la tige et des rameaux, en grappes
qui s'allongent beaucoup à mesure que la floraison avance. Ses siliques sont un peu quadrangulaires, longues de six à huit lignes, redressées contre
les tiges et terminées par une petite corne droite.
Cette plante croît naturellement dans les lieux
pierreux et les champs d'une grande partie de
l'Europe; elle fleurit en juin, juillet et août.

*Usages.* — On cultive la moutarde noire dans plusieurs cantons, pour ses semences, qui, réduites en farine et mêlées avec des liquides, fournissent la moutarde dont on fait un si grand usage sur les tables comme condiment. Toute la plante a une saveur âcre et brûlante, une odeur aromatique, piquante, qualités qui se développent davantage dans les semences, qui sont diurétiques, détersives, anti-scorbutiques, sternutatoires et vésicantes. On les emploie surtout très-fréquemment, sous ce dernier rapport, dans les maladies où il faut dévier une humeur qui s'est portée sur un organe essentiel à la vie, ranimer les forces vitales, etc., parce qu'elles agissent plus puissamment, plus efficacement. Lorsque ces vésicatoires, qui s'appellent sinapismes, deviennent permanens, on substitue à la moutarde, la poudre de cantharide ou les pommades épispastiques.

*Culture.* — La moutarde n'est point délicate, toute espèce de terre lui convient. On sème sa graine au printemps, en rayons ou à la volée, dans une terre bien ameublie par plusieurs labours faits à peu de temps l'un de l'autre. Lorsque la graine a été semée en rayons, on lui donne deux binages, et dans le second cas, pour le semis fait à la volée, on se contente de faire sarcler une fois, lorsque les jeunes tiges de la moutarde ont trois à quatre pouces de hauteur. Comme les fleurs ne s'épanouissent que successivement, les siliques ne mûrissent aussi que les unes après les autres, et si l'on attendait pour faire la récolte que toutes les

graines fussent complétement mûres, on serait
exposé à en perdre beaucoup. Pour éviter cet inconvénient, il faut arracher ou couper les tiges
lorsqu'elles commencent à jaunir, et les mettre en
tas, soit dans le champ même, en les couvrant
de grandes pailles, soit en les plaçant dans une
grange ou un grenier; récoltées de cette manière,
les graines parviennent à leur parfaite maturité.
On ne doit les battre, au plus tôt, que trois semaines à un mois après qu'elles ont été récoltées.

On ne doit jamais employer le fléau pour battre
les graines de moutarde, parce que cet instrument trop lourd les écraserait presque toutes : il
faut pour cette opération se servir de baguettes
flexibles, et étendre les tiges sur un drap ou de
grands morceaux de toile. Lorsque la graine a été
battue on la vanne et on la crible, afin de la débarrasser de tous les corps étrangers qui peuvent y
être mêlés, et on la conserve ensuite dans un
grenier bien aéré où il faut avoir soin de la remuer de temps à autre. La graine la plus récem-
ment battue est toujours la meilleure, et le plus
qu'elle puisse se garder est deux ans.

*Préparation de la moutarde.* — Il y a deux manières pour faire la moutarde : la première consiste à piler la graine dans un mortier ou à la
broyer sous une meule destinée à cet usage, et à y
ajouter ensuite la quantité de vinaigre pour lui
donner la consistance d'une pâte liquide ou d'une
sorte de bouillie.

Pour faire la moutarde de la seconde manière,

on pulvérise la graine de moutarde à sec, on la garde ainsi dans des pots de terre vernissés ou autres vases bien bouchés, pour ne la mêler avec du vinaigre qu'au moment où on veut en faire usage. Dans diverses contrées du midi de la France, on emploie souvent du moût pour préparer la moutarde, cela la rend beaucoup plus agréable au goût; mais elle ne peut alors se conserver comme celle qui est faite avec le vinaigre.

MOUTARDE BLANCHE, *sinapis alba*, Linn. Sa racine est annuelle. Sa tige est légèrement velue, droite, rameuse, chargée inférieurement de quelques poils, haute d'un pied à deux pieds, et garnie de feuilles pétiolées, un peu rudes; les inférieures découpées à leur base en deux ou trois petits lobes, et les supérieures lyrées, entières, ou simplement dentées. Ses fleurs sont d'un jaune pâle, disposées en épis lâches; et il leur succède des siliques grêles, noueuses, qui contiennent dans chacune de leurs loges sept à huit semences. Cette plante croît naturellement dans les champs; elle sert aux mêmes usages que la précédente et se cultive de même.

OIGNON, voyez AIL.

OSEILLE, voyez PATIENCE.

# PANAIS.

PANAIS, s. m., *pastinaca*, Linn. Genre de plantes de la famille des ombellifères, Juss., et de la pentandrie digynie, qui présente pour principaux caractères : un calice à peine perceptible, entier ; une corolle de cinq pétales entiers, égaux, roulés en dedans; cinq étamines à filamens capillaires ; un ovaire inférieur, chargé de deux styles courts, réfléchis, à stigmates obtus ; un fruit comprimé, elliptique, formé de deux graines presque planes, appliquées l'une contre l'autre par leur face interne, et entourées d'un petit rebord membraneux.

Les panais sont des plantes herbacées, à feuilles alternes, simples ou ailées, engaînées à leur base, et dont les fleurs sont jaunes, petites, disposées en ombelle, le plus souvent dépourvues de collerettes, ou qui sont formées, lorsqu'elles en ont, d'un petit nombre de folioles caduques. On en connaît aujourd'hui une huitaine d'espèces, dont les deux suivantes sont les plus remarquables :

Panais cultivé, *pastinaca sativa*, Linn. Sa racine est bisannuelle, fusiforme, blanche, pivotante, simple et charnue. Sa tige dressée, cylindrique, haute de deux à trois pieds, creusée de larges cannelures longitudinalement, est rameuse et glabre. Ses feuilles sont grandes, velues, composées de folioles ovales, incisées et dentées. Ses fleurs sont jaunes, régulières, disposées sur des ombelles ayant vingt à trente rayons. Cette plante croît naturellement en France et dans les parties méridionales de l'Europe, sur les bords des champs, dans les prés, dans les haies. Elle fleurit en juin et juillet.

*Usages et propriétés.* — On cultive le panais dans les jardins potagers, pour sa racine dont on fait une grande consommation comme aliment. Cette racine, qui a une saveur sucrée et aromatique, entre dans les potages auxquels elle donne beaucoup de goût. On l'assaisonne de différentes manières. Elle passe pour être nourrissante et très-échauffante : autrefois on n'en donnait point à manger aux jeunes filles dont on craignait les dispositions amoureuses.

La médecine ne fait plus usage des panais comme médicament. Autrefois leur décoction a été employée dans les fièvres intermittentes, et leurs graines ont passé pour diurétiques, vulnéraires et fébrifuges.

Dans certaines parties de l'Allemagne on fait avec les racines de panais, préparées par une longue coction, une sorte de conserve qu'on mange sur le pain en guise de confiture, qui a, dit-on, un goût suave, agréable, et qui passe, en même temps, pour être saine.

Tous les bestiaux, et surtout les cochons, mangent les panais avec plaisir. Les vaches auxquelles on en donne, produisent du lait en plus grande quantité et d'une excellente qualité.

*Culture.* — Une terre calcaro-argileuse, un peu humide et profonde est celle qui convient le mieux au panais. On le sème à l'automne ou plus souvent au printemps dans des planches de terre bien ameublies par un labour, et à la volée plutôt qu'en rayons. On enterre ensuite la graine avec le

rateau et on la couvre d'une légère couche de
terreau. Lorsque le plan est levé, on l'éclaircit s'il
est trop serré, on le débarrasse des mauvaises herbes et on l'arrose lors des chaleurs ou des sécheresses, toutes les fois que cela paraît nécessaire.
Selon que les panais ont été semés plus tôt ou plus
tard on peut commencer à arracher en juin ou juillet; mais ce n'est qu'au mois de septembre qu'ils
ont acquis toutes les qualités désirables. On a
soin, lorsqu'on a fait la récolte, de conserver dans
le bout d'une planche un nombre de pieds suffisans
et des plus beaux pour donner de la graine l'année suivante.

PANAIS OPOPANAX, *pastinaca opopanax*, Linn. Sa
racine est vivace, rameuse, jaunâtre, de la
grosseur du bras. Sa tige est haute de six à huit
pieds, très-droite, cylindrique, divisée, dans sa
partie supérieure, en rameaux la plupart opposés. Ses feuilles sont d'un vert un peu sombre ;
les radicales sont simplement ailées, à trois ou
cinq folioles ; celles de la base de la tige sont très-
grandes, de forme triangulaire, deux fois ailées,
de manière cependant que les pinnules inférieures
ont ordinairement cinq folioles, que celles qui
suivent sont seulement ternées, et que les autres
sont simples. Les feuilles suivantes diminuent successivement de grandeur, et leurs pinnules deviennent de moins en moins nombreuses, jusqu'à ce
qu'enfin les supérieures soient absolument simples ou manquent tout-à-fait, ce qui donne à
leurs pétioles l'apparence de spathes. Ses fleurs

sont petites, d'un jaune vif, disposées en ombelles assez garnies, convexes et terminales, et munies de collerettes générales et partielles, composées de cinq à six folioles linéaires. Cette plante croît naturellement dans les départemens méridionaux de la France, en Italie, en Suisse, etc.

*Usages et propriétés.*—La racine de cette plante fournit par incision dans les pays chauds, une gomme résineuse qui découle d'abord sous la forme d'un suc laiteux, et qui durcit au soleil. Cette gomme-résine est connue dans le commerce sous le nom d'opopanax. Elle se présente sous la forme de grumeaux réguliers, plus rarement en larmes de différentes grosseurs. A l'extérieur, elle est d'un rouge brun : à l'intérieur d'une nuance pâle et variée de rouge et de jaune. Sa saveur est amère, brûlante et nauséabonde, son odeur est en général assez forte et peu agréable.

Comme les autres résines produites par d'autres ombellifères, l'opopanax est essentiellement excitant, et il a été employé sous ce rapport dans l'aménorrhée, l'asthme humide, le catarrhe chronique, la paralysie, les scrofules. On le regarde aussi comme antispasmodique. Aujourd'hui il est presque entièrement tombé en désuétude.

## PATIENCE.

**PATIENCE**, s. f., *rumex*, Linn. Genre de plantes de la famille des polygonées, Juss., et de l'hexandrie trigynie, Linn., qui offre les caractères

suivans : calice de six folioles, dont trois intérieures, persistantes, enveloppant le fruit, et les trois
extérieures, plus petites, obtuses, réfléchies sur le
pédicelle; six étamines à filamens capillaires très-
courts, portant des anthères droits, à deux lobes;
un ovaire turbiné, à trois côtés, surmonté de trois
styles capillaires, terminés par un stigmate dé-
chiqueté; une semence à trois côtes, nue ou recouverte par les folioles intérieures du calice.

Les patiences sont des plantes herbacées, à
feuilles alternes, souvent entières, et dont les
fleurs, petites et de peu d'apparence, sont disposées en grappes paniculées. On en connaît aujourd'hui une quarantaine d'espèces, dont la suivante est seule cultivée.

Patience acide, vulgairement oseille, *rumex
acetosa*, Linn. Sa racine est vivace, rampante,
brune, noirâtre; elle donne naissance à une tige
herbacée, dressée, haute d'un pied et plus, cylindrique, glabre, cannelée longitudinalement,
pleine intérieurement. Ses feuilles sont d'un vert
foncé, pétiolées, ovales, oblongues, échancrées
en fer de flèche à leur base. Ses fleurs rougeâtres
ou blanchâtres, disposées en grappes rameuses,
toutes mâles sur certains pieds, et toutes femelles
sur d'autres. L'oseille croît partout dans les prés;
elle a produit par la culture plusieurs variétés,
dont les plus communes sont :

L'oseille à larges feuilles, qui est la plus commune.

L'oseille à feuilles obtuses, ou oseille de Hollande.

L'oseille à longues feuilles glauques, ou oseille d'Italie.

L'oseille vierge, ou stérile, qui ne monte jamais en graine.

L'oseille à feuilles crépues.

*Propriétés et usages.* — Les feuilles de l'oseille ont une saveur aigrelette et agréable; elles sont rafraîchissantes, antiscorbutiques et antiputrides. D'après ces propriétés. on les fait entrer dans les bouillons rafraîchissans délayans, qu'on prescrit dans les fièvres en général, surtout dans les inflammatoires, les bilieuses et les putrides. La racine d'oseille n'est pas acide, mais amère, ce qui la rend tonique; elle a passé aussi pour diurétique et apéritive. Les graines que l'on regardait autrefois comme cordiales, sont entièrement tombées en désuétude.

L'oseille est très-utile dans la cuisine; on en fait des potages, et assaisonnée de diverses manières on en prépare plusieurs mets qui se servent sur les tables dans les ménages. On conserve l'oseille pour l'hiver en la cueillant en automne, en la faisant bouillir et en la mettant dans des pots qu'on couvre d'une couche de beurre ou de saindoux.

Tous les bestiaux mangent les feuilles de l'oseille; les vaches et les moutons surtout les aiment beaucoup : comme aliment elles nourrissent peu ces animaux, mais elles les rafraîchissent, et il est peut-être souvent utile de leur en donner une certaine quantité de feuilles pendant les fortes chaleurs de l'été.

*Culture.* — L'oseille demande une terre légère et un peu substantielle ; on la multiplie de semis qu'on fait ordinairement au printemps, et en éclatant les racines des vieux pieds. Il n'y a guère que dans les jardins maraîchers de Paris qu'on fait des semis d'oseille ; chez les particuliers et ailleurs on se contente le plus souvent de planter l'oseille en bordures, et de diviser les vieux pieds en automne.

## PERSIL.

PERSIL, s. m., *apium*, Linn. Genre de plantes de la famille des ombellifères, Juss., et de la pentandrie digynie, Linn., dont les principaux caractères sont les suivans : calice à peine visible, entier ; corolle de cinq pétales, égaux, arrondis, relevés en dedans ; cinq étamines à filamens très-courts ; un ovaire inférieur surmonté de deux styles courts, réfléchis ; un fruit ovale, oblong, strié, composé de deux semences ovales, oblongues, appliquées l'une contre l'autre par leur face interne.

Les persils sont des plantes herbacées, à feuilles une ou plusieurs fois ailées, à fleurs jaunâtres, disposées en ombelles munies d'une collerette composée de deux, trois à quatre folioles, quelquefois d'une seule, ou même qui peut manquer tout-à-fait. On en connaît cinq espèces, je ne citerai que les plus remarquables.

Persil commun, *apium petroselinum*, Linn. Sa racine est vivace, allongée et blanchâtre ; elle produit une tige droite, striée, rameuse, haute

de trois à quatre pieds, munie de feuilles deux
fois ailées, à folioles ovales, cunéiformes, incisées
inférieurement, et celles de la partie supérieure
de la tige linéaire. Ses fleurs sont d'un blanc
jaunâtre, disposées en ombelle de sept à huit
rayons, accompagnées à leur base d'une collerette formée par une seule foliole; les ombellules
ont une involucre de trois à quatre folioles étroites. Le persil, qui fleurit en été, passe pour être
originaire de l'île de Sardaigne.

*Propriétés et usages.* — Presque toutes les parties de cette plante exhalent une odeur très-grande
qui plaît à certaines personnes, et que d'autres
ne peuvent supporter; leur saveur est chaude, piquante et un peu amère; elles contiennent la plupart un principe gommo-résineux et une huile vo-
latile aromatique, plus abondante dans les semences que dans les autres parties; sa racine contient de la fécule, ce qui lui donne quelque chose
de dur et la faculté de nourrir.

Le persil jouit de la propriété d'augmenter la
sécrétion urinaire, et sa racine est mise au nombre des plus puissans diurétiques et des cinq racines apéritives. Ses feuilles, par leur saveur
piquante, relèvent les alimens qui ne sont pas
bien sapides, et rendent les bouillons diurétiques.
Sa décoction décide les sueurs. Sa semence est
employée pour détruire les poux. Elle est une des
quatre semences chaudes mineures qui sont celles
d'ache, de persil, d'anis et d'aucus. L'usage du
persil est nuisible aux personnes affectées d'épi-

lepsie, il multiplie les accès de cette maladie
(Éphém. d'Allemag., décurie 3, ann. 111); il
porte spécialement son action sur la tête, car il
cause des douleurs à ceux qui en font un usage
excessif. Les moutons qui mangent trois ou quatre
fois la semaine du persil, sont préservés du tac;
les lièvres et les lapins en sont très-friands.

*Culture.* — On sème le persil depuis le mois de
mars jusqu'en août, en pleine terre dans une plate-
bande bien ameublie par plusieurs labours, ou
en bordures, à une exposition chaude, et mieux
au pied d'un mur au midi. Ses feuilles se coupent
et repoussent plusieurs fois pendant la belle saison, en ayant soin d'arroser la plante toutes les
fois que la sécheresse se fait sentir. Le persil ne
fleurit et ne donne des graines que la seconde année, et si même avant sa floraison on coupe les
tiges, il repousse assez souvent et donne encore
une troisième année. Pour en avoir pendant l'hiver, il faut, lors des gelées et des neiges, avoir le
soin de le couvrir avec des paillassons ou de la
paille.

Persil odorant, vulgairement ache, céleri,
*apium graveolens*, Linn. Ses racines sont dures,
blanchâtres, un peu charnues, fibreuses et luisantes; elles donnent naissance à une tige haute
de deux à trois pieds, rameuse, sillonnée, glabre,
garnie de feuilles longuement pétiolées, une ou
deux ailées, composées de trois à sept folioles
courtes, larges, incisées, dentées, lisses et un
peu luisantes. Ses fleurs sont d'un blanc jaunâtre,

disposées en ombelles terminales ou latérales, presque sessiles, composées de rayons assez nombreux. Cette plante croît naturellement dans les marais et sur les bords des ruisseaux dans toute l'Europe; on la trouve aussi en Barbarie.

*Propriétés et usages.* — La racine du persil odorant a une saveur désagréable, âcre, un peu amère; son odeur est forte et un peu aromatique : elle était comptée autrefois, sous le nom de racine d'ache, au nombre des racines apéritives majeures des anciens formulaires; elle passe pour avoir la propriété d'activer la sécrétion des urines, et comme telle a été recommandée dans les hydropisies. On lui a attribué encore d'autres vertus, mais elle n'est plus guère usitée aujourd'hui.

Outre l'espèce sauvage dont il vient d'être question, le persil odorant offre deux variétés remarquables, qui diffèrent de la première par leur saveur piquante et aromatique, et qui sont cultivées dans les jardins potagers pour les usages culinaires. L'un porte le nom de céleri, et se fait remarquer par la grandeur et la forme de toutes ses parties; l'autre se distingue à la grosseur de sa racine qui égale presque celle du navet, ce qui l'a fait appeler céleri-rave.

*Culture.* —On sème le céleri à diverses époques, afin d'en pouvoir jouir par là toute l'année ou au moins la plus grande partie. Les premiers semis se font en janvier et les derniers en juin. Ceux faits pendant l'hiver exigent quelques précautions. De janvier jusqu'en mars on sème sur couche et sous cloche, et on repique le jeune

plant qui provient de semis sur couche et sous
cloche, ou sous châssis, pour ne le mettre en terre
que vers le commencement d'avril, dans des
planches de terre légère bien amendée, où les
pieds de céleri sont disposés en quinconce par
rangées éloignées de huit à neuf pouces l'une
de l'autre. Immédiatement après la plantation on
arrose légèrement chaque pied pour le faire
reprendre, et on continue d'en faire autant en
augmentant la quantité d'eau tous les jours, à
moins qu'il ne survienne des pluies un peu abondantes. Ensuite on débarrasse la planche des
mauvaises herbes, et lorsque le céleri est parve-
nu à toutes ses dimensions on le fait blanchir en
rapprochant avec attention ses feuilles et en les
liant, par un temps sec, avec trois liens de paille,
et on le bute ensuite, c'est-à-dire, qu'on amon-
celle la terre du sentier autour de chaque pied, en
la faisant monter d'abord jusqu'au premier lien,
ensuite, huit jours après, jusqu'au second, et enfin, huit autres jours après, jusqu'au troisième.

Les semis de mai et de juin se font en pleine
terre, et la graine doit se répandre clair afin de
n'avoir pas besoin de repiquer, ce qui retarderait le
plant. Lorsque le céleri est assez fort, on le met en
planches, comme celui du printemps, et on le gou-
verne de même. On le bute ordinairement avant
les premières gelées. La seconde année, quelques
pieds, conservés exprès, ont des graines. Celles-ci
se conservent pendant trois ou quatre ans; cepen-

dant les plus nouvelles sont toujours préférables.

*Usages.* — Le céleri se mange cru, en salade, et cuit à la sauce blanche; on le met aussi dans plusieurs ragoûts; on le sert sous les viandes rôties, assaisonné au jus, et on en fait encore usage dans les soupes; on l'emploie beaucoup dans les cuisines à cause de son goût relevé et de son parfum; cependant il est trop échauffant pour en faire un usage ordinaire, et indigeste lorsqu'il est cru.

On fait avec le céleri une liqueur carminative, agréable au goût. Les confiseurs emploient sa graine pour faire des petites dragées, approchant de celles d'anis; ces dragées sont aussi stomachiques que la plante d'où la graine est tirée.

Le céleri-rave se mange comme le céleri ordinaire; sa culture est plus simple; il n'a pas besoin d'être buté; on le recouvre seulement pendant les grands froids. Il a une sous-variété nommée céleri-rave rouge. Le céleri, proprement dit, a deux sous-variétés : le céleri tendre ou long, ou grand céleri, et le céleri court de plant, et encore le céleri branchu ou fourchu.

# PIMPRENELLE.

PIMPRENELLE, s. f., *poterium*, Linn. Genre de plantes de la famille des rosacées, Juss., et de la monoécie polyandrie, Linn., dont les fleurs sont monoïques, dioïques ou polygames, et présentent les caractères suivans : dans les fleurs

mâles; un calice monophylle partagé jusqu'à
moitié en quatre divisions, ovales-concaves,
persistantes, et muni extérieurement de trois
écailles; point de corolle; environ trente étamines à filamens plus longs que le calice. Dans les
fleurs femelles, calice et corolle comme dans les
mâles; deux ovaires ovales-oblongs, surmontés de
deux styles capillaires, terminés par des stigmates
en pinceau. Les ovaires deviennent deux semences, renfermées dans le calice, qui prend l'apparence d'une capsule ou d'une baie.

Les pimprenelles sont des plantes herbacées,
ou des arbustes, à feuilles ailées avec impaire, et
à fleurs réunies en tête terminale. On en connaît
aujourd'hui huit espèces, dont la suivante est
seule cultivée:

PIMPRENELLE COMMUNE, *poterium sanguisorba*,
Linn. Sa racine est vivace, allongée, rougeâtre,
divisée en plusieurs fibres; elle produit une tige
droite, haute d'environ un pied et demi, médiocrement anguleuse, un peu rameuse, garnie surtout à sa base de feuilles ailées, légèrement velues
sur leur pétiole, composées de onze à quinze
folioles, presque égales, arrondies ou ovales,
dentées assez profondément. Ses fleurs sont verdâtres, disposées au sommet de la tige ou des
rameaux en épis courts, resserrés en tête ovale ou
arrondie. Ces fleurs sont sessiles; les unes mâles à
trente ou quarante étamines, beaucoup plus longues que les calices, les autres femelles à stigmates

plumeux et rougeâtres. Cette plante croît partout en Europe, dans les pays secs et montagneux.

*Usages et propriétés.* — On cultive la pimprenelle dans les jardins à cause de l'usage fréquent que l'on en fait comme assaisónnement dans les salades, dont elle relève assez agréablement le goût. Elle passe pour diurétique, vulnéraire, astringente et propre contre le flux de ventre. On la prépare en infusion dans l'eau ou le vin, soit la plante entière, soit sa racine en poudre, ou son suc exprimé.

*Culture.* — Toute espèce de terre, excepté celle qui est aquatique, convient à la pimprenelle. On la sème ordinairement en bordures, au printemps ou à l'automne, ou bien on la multiplie, aux mêmes époques, en éclatant les pieds qu'on ne laisse pas trop long-temps hors de terre. Plus on coupe souvent la pimprenelle et meilleures sont ses feuilles.

POIREAU , *voyez* AIL.

# POIS.

POIS, s. m., *pisum*, Linn. Genre de plantes de la famille des légumineuses, Juss., et de la diadelphie décandrie, Linn., dont les principaux caractères sont les suivans : calice monophylle, campanulé, à cinq dents aiguës, les deux supérieures plus courtes ; corolle papilionacée, dont l'étendard est très-large, presque en cœur, réfléchi, plus grand que les deux ailes, qui sont conniventes,

presque rondes, et qui surpassent la carène comprimée en demi-lune et formée des deux autres
pétales; dix étamines, ayant neuf de leurs filamens
réunis en un seul corps cylindrique, et le dixième
libre; un ovaire supérieur, oblong, comprimé,
surmonté d'un style triangulaire, membraneux,
courbé en carène, et terminé par un stigmate
adné à l'angle supérieur, oblong, velu; une
gousse ou légume allongé, un peu comprimé,
pointu à son sommet, à une seule loge, à deux
valves, contenant plusieurs semences globuleuses.

Les pois sont des plantes herbacées, annuelles,
à tiges le plus souvent grimpantes, garnies de
feuilles ailées, ordinairement munies de stipules
très-larges et terminées par des vrilles. On en connaît aujourd'hui neuf espèces, dont la suivante
est seule cultivée.

Pois cultivé, *pisum sativum*, Linn. Sa racine
est annuelle, grêle et fibreuse; sa tige est ordinairement étalée ou s'élevant autour des corps
voisins, elle est glabre et presque carrée. Ses
feuilles sont ailées, d'un vert glauque, munies à
leur base de deux stipules ovales, dentées à leur
base, plus grandes que les folioles, qui sont au
nombre de quatre à six, ovales et entières. Ses
fleurs sont le plus souvent blanches, quelquefois
rougeâtres ou purpurines, axillaires, et portées
plusieurs ensemble sur un pédoncule commun,
épais et plus court que les feuilles. Ses gousses
sont pendantes, allongées et presque cylindriques

dans le plus grand nombre. Cette plante, si généralement cultivée, paraît croître naturellement en Alsace et dans plusieurs autres contrées de l'Europe.

Par une culture suivie pendant une longue suite d'années, le pois commun a produit un très-grand nombre de variétés, qu'on peut diviser en deux sections principales : la première comprend les pois dits à écosser, dont on ne mange que les graines ; la seconde renferme ceux appelés pois sans parchemin, ou mange-tout, goulus, ou gourmands, dont on mange la cosse et le grain. On distingue, dans les unes et les autres, les variétés naines et celles à tiges plus élevées, qui ont besoin de rames pour se soutenir. Les principales sont les suivantes :

*Pois à écosser nains.* — Pois nain hâtif. Sa tige est haute de quinze pouces à deux pieds, et porte des fleurs dès le deuxième ou troisième nœud ; sa cosse est plutôt petite que grande. Il est de bonne qualité et propre à être cultivé sous châssis.

Pois nain de Hollande. Ses tiges sont un peu plus basses que celles du précédent, mais les cosses et les graines sont plus petites.

Pois nain de Bretagne. C'est le plus petit de tous, il ne s'élève qu'à cinq à six pouces. On peut en faire des bordures.

Pois gros nain sucré. Il est un peu plus élevé que le précédent, ses cosses sont grosses, et son grain est de très-bonne qualité.

Pois à écosser à rames. Pois michaut de Hol-

lande. Ses tiges moins élevées peuvent se passer
de rames quand elles ont été pincées.

Pois michaut ordinaire. Variété très-productive et excellente ; on la sème ordinairement en
mars au pied des murs exposés au midi.

Pois michaut à œil noir. Est aussi hâtif que le
précédent, et ses graines sont plus grosses.

Pois de Marly. Tiges très-élevées, produisant
de belles cosses, garnies de graines grosses et très-
tendres.

Pois de Clamart, ou pois carré fin. Variété
très-grande, très-productive, à graines très-serrées
dans la cosse et sucrées. On la sème le plus tard
pour l'arrière-saison.

*Pois sans parchemin ou mange-tout.* — Pois sans
parchemin, nain et hâtif. On le sème sous châssis
et en pleine terre.

Pois sans parchemin, nain ordinaire. Il s'élève
à deux ou trois pieds, ses cosses sont très-petites,
fort nombreuses et très-tendres.

Pois en éventail. Il est tout-à-fait nain, s'élevant à peine à un pied de haut ; il est d'ailleurs
tardif et médiocrement productif.

*Propriétés et usages.* — De tous les légumes,
les pois sont généralement les plus estimés, lorsqu'ils sont verts. Dans cet état, ils forment un excellent manger, que presque tout le monde aime
dans la saison où ils paraissent ; il s'en fait dans
les grandes villes et surtout à Paris, une consommation très-considérable. Quant aux pois secs ils
sont aussi peu recherchés qu'ils le sont beaucoup

13.

à l'état frais; on ne peut guère alors les manger qu'après les avoir réduits en purée; cependant, s'ils sont dédaignés par les citadins opulens, les habitans des campagnes en font à leur tour une grande consommation pendant l'automne et l'hiver; ce légume et les haricots font dans les cantons pauvres la base de presque tous les potages. Comme aliment, les pois sont nourrissans et généralement plus faciles à digérer que les haricots, et ils causent moins de flatuosités.

En médecine les pois ont été autrefois regardés comme apéritifs, diurétiques, résolutifs et emménagogues; mais aujourd'hui ils ne sont plus usités sous aucun rapport.

Tous les bestiaux mangent avec avidité les feuilles et les cosses des pois; les vaches surtout sont très-friandes de leurs gousses fraîches, et l'on assure que cela leur donne beaucoup de lait.

*Culture.* — Les pois demandent une terre douce et sablonneuse; ils ne réussissent pas dans les terres froides et humides, ni même dans les terrains sur lesquels on en a récolté l'année précédente; on doit toujours laisser un intervalle de six à sept ans au moins avant d'en mettre au même endroit. Dans les jardins, on sème les pois en touffes ou en rayons; lorsqu'on veut en obtenir de précoces, on les met sur des ados, ou le long d'un mur exposé au midi. Les rayons se pratiquent à environ huit pouces les uns des autres, et c'est aussi la distance qu'on doit mettre entre les petits trous faits à la houe ou à la bêche, et dans chacun des-

quels on place cinq à six graines pour former la
touffe. Jusqu'au moment de la récolte, il ne s'agit
plus que de leur donner quelques binages et d'arroser lorsque le printemps est trop sec. Quand
les pois ont acquis quatre ou cinq pouces de haut,
on donne des rames (branches sèches garnies de
leurs rameaux) aux variétés qui s'élèvent beaucoup, et dont les tiges trop faibles ne pourraient
se soutenir sans cette sorte d'appui. Enfin, on
pince l'extrémité de la tige à la troisième ou quatrième fleur, pour augmenter la grosseur des fruits
déjà noués et accélérer leur maturité. Cette opération, critiquée par plusieurs auteurs, diminue
d'ailleurs la masse de la récolte. A fur et à mesure
que les gousses paraissent avoir acquis le degré de
maturité pour que les pois soient mangés en vert,
on les cueille, pour les employer de cette manière.
On laisse jaunir la peau avant de l'arracher, si l'on
veut récolter en sec. C'est ce que l'on fait dans les
campagnes éloignées des villes, où on ne cultive guère les pois que pour les récolter en sec. Dans cette
culture en grand, on sème les pois à la volée; l'on ne
fume pas la terre dans laquelle on doit les mettre,
parce que les engrais les font pousser avec trop de
vigueur, et qu'alors ils donnent moins de fleurs.

Pour avoir des hâtifs, on sème, en novembre et
décembre, dans des plates-bandes exposées au
midi et abritées du vent d'est, le michaut et les
autres variétés hâtives. A la fin de janvier, février
et mars, on sème successivement les autres variétés de la seconde et troisième saison, et on pro-

longe les semis en pleine terre jusqu'à la fin de juillet, au moyen du Clamart.

Les jardiniers qui veulent avoir des pois encore plus hâtifs, dits de primeur, sèment sur couche et sous châssis, en novembre, décembre et janvier. On les sème par touffe, ou mieux à la volée, et assez épais, pour arracher le plant quand il a trois ou quatre pouces de hauteur pour le repiquer sur une nouvelle couche tiède ; ils donnent de l'air toutes les fois que le temps le permet ; et enfin ils arrêtent les tiges en les pinçant, quand elles ont trois à quatre fleurs.

POMME-DE-TERRE, *voyez* Morelle.

## POURPIER.

POURPIER, s. m., *portulaca*, Linn. Genre de plantes de la famille des portulacées, Juss., et de la dodécandrie monogynie, Linn., dont les principaux caractères sont : un calice fort petit, persistant, divisé à son sommet en deux parties ; une corolle à cinq pétales unis, érigés et obtus ; douze à quinze étamines moins longues que les pétales ; un ovaire inférieur arrondi, surmonté d'un style simple très-court, terminé par quatre ou cinq stigmates filiformes, de la longueur du style. Le fruit est une capsule ovale, à une seule loge, s'ouvrant transversalement, contenant un grand nombre de petites semences attachées à un réceptacle libre.

Les pourpiers sont des plantes annuelles, à

feuilles grasses, opposées ou alternes, et dont les
fleurs sont terminales, solitaires ou plusieurs ensemble. On en connaît aujourd'hui une douzaine
d'espèces, dont celle qui suit est la seule cultivée.

POURPIER DOMESTIQUE, *portulaca oleracea*, Linn.
Sa racine est simple et fibreuse; ses tiges sont
tendres, succulentes, lisses, divisées en rameaux
nombreux, couchées en partie à terre. Ses feuilles
sont oblongues, faites en forme de coin, grosses,
charnues, d'un vert foncé et placées alternativement. Des aisselles des feuilles sortent de petites
fleurs jaunâtres, solitaires et sessiles, auxquelles
succèdent des fruits de couleur herbacée, et qui
ressemblent à de petites urnes; ils contiennent
des semences striées et noires. Le pourpier est
originaire des Indes. Il a produit par la culture
deux variétés: l'une à feuilles plus petites et moins
succulentes, et l'autre à feuilles plus longues, jaunâtres; celle-ci porte le nom de pourpier doré.

*Usages et propriétés.* — Le pourpier est d'une
saveur âcre : on le mange en salade comme assaisonnement ; il devient, étant cuit, une nourriture
rafraîchissante. Ses feuilles mâchées détergent les
ulcères de la bouche; elles passent pour diurétiques, vermifuges et anti-scorbutiques.

*Culture.* — Le pourpier est très-sensible à la
gelée; on ne doit pas le semer en pleine terre
avant les premiers beaux jours du printemps : il
demande une terre riche et meuble, et une exposition chaude. Il est bon pour l'usage un mois et
demi après avoir été semé. Cette plante, une fois

levée, veut être peu arrosée ; comme elle est
grasse, elle se nourrit principalement de ses propres sucs et de ceux qui sont répandus dans l'atmosphère. Sa graine ne doit pas être enterrée ; il
suffit de la couvrir légèrement avec du terreau.
Si on la laisse se répandre, elle se sèmera d'elle-
même. C'est lorsque le pourpier a des feuilles
bien formées qu'on le coupe pour les salades.

## RADIS.

RADIS, s. m., *raphanus*, Linn. Genre de plantes de la famille des crucifères, Juss., et de la
tétradynamie siliqueuse, Linn., dont les principaux caractères sont : un calice de quatre folioles droites, oblongues, conniventes, un peu rele-
vées en bosse à leur base ; quatre pétales ongui-
culés en croix, ayant leur limbe ovale ou échancré en cœur au sommet ; six étamines à filamens
droits, subulés, terminés par des anthères sessiles, dont quatre plus grands ; un ovaire oblong
supérieur, surmonté d'un style simple, très-court,
à stigmate en tête ; une silique oblongue, acumi-
née par le style, à loges indéhiscentes, souvent
séparées par un étranglement, et une sorte d'articulation, contenant des semences glabres et arrondies.

Les radis sont des plantes herbacées, à racines
quelquefois charnues ; à tiges cylindriques, droites ; à feuilles inférieures, pétiolées, ailées ou en
lyre, et à fleurs disposées en grappes terminales.

On en connaît aujourd'hui seize espèces, dont la suivante est la seule qui soit cultivée.

Radis cultivé, *raphanus sativus*, Linn. Sa racine est le plus souvent tubéreuse, turbinée ou fusiforme, annuelle ou bisannuelle, blanche, violette, rose, rougeâtre ou noirâtre extérieurement, toujours blanche intérieurement ; elle produit une ou plusieurs tiges droites, rameuses, hautes de deux ou trois pieds, hérissées de poils courts qui les rendent rudes au toucher, et garnies de feuilles dont les radicales et les inférieures sont grandes, ailées ou en lyre, divisées en lobes ovales, arrondis, dentés en leurs bords, rudes au toucher, le lobe terminal étant plus grand que les autres ; quant aux feuilles supérieures, elles sont simples et sessiles. Ses fleurs sont blanches ou violettes, pédonculées, disposées en grappes, les unes terminales, les autres axillaires ; il leur succède des siliques coniques, cylindriques, terminées en pointe, et divisées intérieurement en deux ou trois loges spongieuses, qui ne s'ouvrent pas et contenant chacune plusieurs semences arrondies. Cette plante, qui est originaire de Perse et de la Chine, a produit par la culture un très-grand nombre de variétés, qu'on distingue principalement, d'après la forme et la grosseur des racines, en longues, en rondes et en grosses.

Parmi les premières, auxquelles les jardiniers donnent particulièrement le nom de radis, on distingue principalement, d'après leur couleur, le petit radis blanchâtre, le radis rose tendre, le radis rouge et le radis violet.

Les secondes, qui sont les radis à racines allongées, et que les maraîchers de Paris appellent petites raves, se distinguent aussi d'après leur couleur ; il y a la rave blanche, la rave rouge ou de corail, la rave saumonée, dont la chair est de la couleur de celle du saumon, et la rave violette. Dans ces deux divisions, les jardiniers distinguent des sous-variétés plus hâtives ou plus tardives.

La troisième division comprend les radis à grosses racines, auxquels les jardiniers donnent particulièrement le nom de radis noirs. Elle comprend aussi plusieurs sous-variétés, savoir : le radis noir à racine oblongue ; le radis noir à racine arrondie ; le petit raifort gris et le gros raifort blanc, ou radis d'Augsbourg.

*Usages et propriétés.* — La chair de toutes ces variétés a une saveur plus ou moins piquante et plus ou moins âcre. Dans les radis et les raves, cette saveur est assez modérée pour flatter seulement le goût et le piquer légèrement ; et, lors de la jeunesse de la plante, ses racines ayant la chair en même temps ferme et cassante, cela les rend assez agréables à manger pour qu'elles soient d'un usage presque général ; mais lorsqu'elles sont trop avancées, leur chair devient filandreuse, ensuite spongieuse, dure et creuse ; elles perdent tout leur bon goût et ne valent plus rien. Les raves et les radis se servent sur nos tables comme hors-d'œuvres, et on les mange au commencement du dîner.

Les raves, les radis et les raiforts sont anti-

scorbutiques, et ils ont certainement une propriété stimulante, plus ou moins prononcée ; mais
on en fait peu ou point usage en médecine. Les
derniers, préalablement râpés, peuvent être ap-
pliqués extérieurement comme rubéfians. Les
graines sont oléagineuses ; mais on n'en tire aucun parti sous ce rapport.

*Culture.* — Les raves, les radis et les raiforts
ont besoin d'une terre profonde, fraîche et rendue
bien meuble par de bons labours. Les raves et les
radis se sèment pendant presque toute l'année ;
sur couche en hiver et au printemps, en pleine
terre dans les autres saisons. Pour obtenir des
radis bien arrondis, il faut avoir le soin de pié-
tiner la terre avant de répandre les graines.
Celles-ci peuvent se conserver bonnes pendant
cinq à six ans. Lorsque les chaleurs de la fin du
printemps et de l'été sont fortes, il faut de fréquens arrosemens aux raves et aux radis, cela les
rend plus tendres et moins piquans. Quant aux
raiforts, on les sème depuis juin jusqu'en août.

# SALSIFIS.

**SALSIFIS**, s. m., *tragopogon*, Linn. Genre
de plantes de la famille des chicoracées, Juss., et
de la syngénésie polygamie égale, Linn., dont
le caractère essentiel est d'avoir un calice simple, allongé, ayant de huit à dix divisions ( plus
ou moins profondes ) et égales ; des fleurs semi-

14

flosculeuses, toutes hermaphrodites; un réceptacle nu, et des semences sessiles et plumeuses.

Les salsifis sont des plantes herbacées, laiteuses,
bisannuelles, à feuilles alternes, entières, et à
fleurs terminales. On en connaît aujourd'hui une
vingtaine d'espèces, dont la suivante est seule
cultivée.

SALSIFIS COMMUN, *tragopogon porrifolium*, Linn.
Sa racine est longue, pivotante, tendre et laiteuse.
Sa tige est fistuleuse, assez haute, garnie de feuilles
alternes, amplexicaules, très-allongées, un peu
étroites, glabres à leurs deux faces, très-aiguës,
creusées en gouttière à leur base, droites et entières; celles du bas sont un peu cotonneuses à
leur insertion. Ses fleurs sont solitaires, supportées
par de longs pédoncules striés, fistuleux, très-ren-
flés à leur sommet. Les calices sont glabres, plus
longs que la corolle, composés de huit à dix folioles lancéolées, acuminées. Cette plante croît
en Suisse et dans les départemens méridionaux
de la France : elle fleurit au milieu du printemps.

*Usages et propriétés.* — On cultive le salsifis
dans les jardins potagers pour sa racine, qu'on
mange cuite et assaisonnée de diverses manières.
Cette racine passe pour diurétique, apéritive et
pectorale.

*Culture.* — Une terre légère, très-profonde, un
peu fraîche, parfaitement labourée, est celle où
le salsifis réussit le mieux. On le sème ordinairement en rangées, écartées de huit à dix pouces,

quelquefois à la volée, aussitôt que les gelées ne
sont plus à craindre. Il faut, malgré cela, par
prudence, faire des semis à différentes époques
éloignées de huit à dix jours, et les couvrir de
feuilles sèches ou de litière. Plus le semis est précoce et plus les racines sont belles. Le plant levé
s'éclaircit de manière qu'il y ait d'un à deux pieds
d'écartement entre les pieds. Il se bine deux ou
trois fois dans le courant de l'été, et s'arrose abondamment pendant les sécheresses.

*Récolte et conservation.* — C'est vers la fin de
septembre qu'on commence à arracher le salsifis
pour le manger; mais si on le peut on attendra un
mois plus tard; car c'est seulement aux approches
des gelées qu'il a acquis toute la grosseur et toute
la saveur qu'il doit avoir.

Dans les climats où les hivers ne sont pas
rigoureux, on laisse le salsifis en terre pendant tout l'hiver, les feuilles seules en souffrent;
mais dans ceux où les gelées sont très-fortes,
on l'arrache pour le déposer dans des serres à
légumes, lit par lit avec du sable, ou pour l'en-
terrer, stratifié de même, dans une fosse profonde.
On le mange jusqu'à ce qu'il monte en graine.

Les pieds réservés pour graine doivent être,
autant que possible, laissés en terre, par la raison
que toutes les plantes à longues racines sont toujours affaiblies par suite d'une transplantation, et
que ce travail nuit à la bonté de la graine. On
les couvre d'une couche de feuilles sèches, de fougère ou de litière. La graine se récolte au milieu

14.

de l'été, à mesure qu'elle arrive à maturité : on la conserve dans des sacs de papier dans un lieu très-sec.

## SCORZONÈRE.

SCORZONÈRE, s. f., *scorzonera*, Linn. Genre de plantes de la famille des chicoracées, Juss., et de la syngénésie polygamie égale, Linn., dont les principaux caractères sont d'avoir un calice ovoïde, oblong, imbriqué, formé d'écailles inégales, membraneuses sur les bords et pointues ; une corolle composée de demi-fleurons imbriqués, tous hermaphrodites, les extérieurs un peu plus longs ; cinq étamines capillaires à filamens courts ; un ovaire oblong, surmonté d'un style filiforme de la longueur des étamines, et terminé par deux stigmates réfléchis ; des semences à aigrettes, sessiles et plumeuses.

Les scorzonères sont des plantes herbacées, vivaces, à feuilles ordinairement entières, quelquefois dentées, sinuées ou laciniées, et dont les fleurs sont terminales et solitaires. On en connaît aujourd'hui une cinquantaine d'espèces, dont la suivante est la seule qui soit cultivée dans les jardins potagers.

SCORZONÈRE D'ESPAGNE, *scorzonera Hispanica*, Linn. Ses racines sont simples, pivotantes, de la grosseur du doigt, allongées, noirâtres en dessus, blanches en dedans. Sa tige est haute d'environ deux pieds, ronde, cannelée, un peu velue ;

ses feuilles sont alternes, amplexicaules, entières ou dentées. Ses fleurs sont jaunes, terminales, pédonculées, et composées de demi-fleurons dont les extérieurs sont plus longs, et dont la languette offre quatre ou cinq petites dents. Ses semences sont allongées, presque cylindriques, étroites, cannelées, surmontées d'une aigrette sessile et plumeuse. Cette plante croît en Espagne et dans les départemens méridionaux de la France.

*Usages et propriétés.* — Les racines de la scorzonère, lorsqu'elles sont cuites, ont une saveur douce et sucrée, et forment un aliment très-agréable. Ses racines passent pour dépuratives, apéritives et diurétiques ; elles contiennent un suc doux, gommo-résineux, qui les rend propres à calmer la toux et les ardeurs d'urines.

*Culture.* — Cette plante se multiplie de graines, qu'on peut semer en mars ou en avril, selon le climat. On doit semer épais, et ne pas épargner les arrosemens jusqu'à ce que la germination ait lieu, même jusqu'à ce que les premières feuilles couvrent la terre. On peut semer encore en mai et août ; mais les racines provenant de ce dernier semis sont trop faibles pour être mangées l'hiver suivant. Quand on sème tard, la racine peut passer deux hivers en terre, et le second hiver elle est très-bonne à manger. Il est inutile de dire que la scorzonère étant une plante pivotante, exige une terre défoncée profondément, qui soit douce, friable, bien ameublie et naturellement humide ou rendue telle par des arrosemens. Dans les cailloux,

elle se tord ou se bifurque. Sa graine est assez long-
temps à germer; quand les jeunes pieds ont acquis
un peu de force, on doit les éclaircir à différentes
reprises, et sans endommager les racines de celles
qu'on conserve, lesquelles doivent être séparées
de quatre à six pouces, si on veut qu'elles deviennent belles.

La graine de scorzonère ne conserve que deux
ans la faculté de germer, et la bonne graine ne se
recueille pas sur les fleurs de la première année,
mais sur celles de la seconde, ou encore mieux sur
les fleurs de la troisième année. Comme cette
graine est couronnée par une aigrette plumeuse,
et qu'elle est par conséquent très-légère, il faut la
surveiller pour la cueillir avant qu'elle ne soit em-
portée par le vent.

Dans les pays où les hivers sont tempérés, on
enlève successivement les racines de scorzonère,
et au moment seulement où on veut les manger.
Dans les climats où l'hiver est rude et long, il
faut prendre la précaution d'enlever à-la-fois toute
la quantité de ces racines qu'on a besoin de vendre
ou de consommer pendant cette saison, et on les
enterrera dans une serre à légumes.

FIN.

www.ingramcontent.com/pod-product-compliance
Lightning Source LLC
Chambersburg PA
CBHW072346200326
41519CB00015B/3675